U0217248

木材选材实用图鉴

100种常用装饰木材的选用指南

木材选材

实用图鉴

修订版

〔美〕尼克·吉布斯◎著　　潘　彪◎译

北京科学技术出版社

著作权合同登记号　图字：01-2019-5225

图书在版编目（CIP）数据

木材选材实用图鉴/（美）尼克·吉布斯著；潘彪译. —北京：北京科学技术出版社，2023.5

书名原文：The Real Wood Bible

ISBN 978-7-5714-2674-3

Ⅰ.①木… Ⅱ.①尼… ②潘… Ⅲ.①木材-图集 Ⅳ.①S781-64

中国版本图书馆CIP数据核字（2022）第229625号

策划编辑：刘　超
责任编辑：刘　超
责任校对：贾　荣
图文制作：天露霖文化
责任印制：李　茗
出 版 人：曾庆宇
出版发行：北京科学技术出版社
社　　址：北京西直门南大街16号
邮政编码：100035
ISBN 978-7-5714-2674-3

电　　话：0086-10-66135495（总编室）
　　　　　0086-10-66113227（发行部）
网　　址：www.bkydw.cn
印　　刷：北京利丰雅高长城印刷有限公司
开　　本：880 mm×1230 mm　1/32
字　　数：300千字
印　　张：7.875
版　　次：2023年5月第1版
印　　次：2023年5月第1次印刷

定　　价：138.00元

目　录

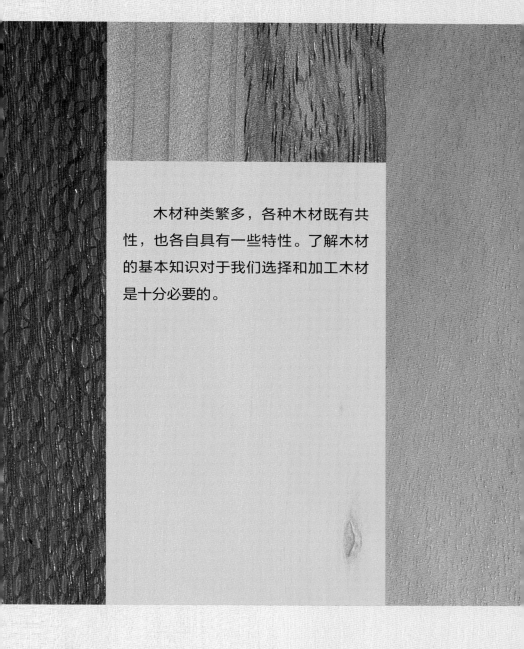

　　木材种类繁多，各种木材既有共性，也各自具有一些特性。了解木材的基本知识对于我们选择和加工木材是十分必要的。

大多数木匠心中都有一份他们偏爱的木材树种清单，但在遇到特殊需求或从未使用过的树种时，他们也不可避免地需要尝试新的选材思路。橱柜制造商会选择稳定性好的板材制作面板，实木板的理想选择是径切板，因为这种木板不易发生翘曲和形变，也可以选用粘贴装饰木皮的人造板，因为这种组合可以兼顾稳定性和美观的需要。椅子制造商会选择强度高的直纹木材制作支撑腿和横撑，而选用装饰性强的较软木材制作椅面。尽管雕刻师喜欢纹理华丽的木材，并能使用电动雕刻工具雕刻出各种造型，但他们仍然偏爱纹理均匀的木材以减少撕裂的风险。虽然木旋工匠可以使用几乎来自任何树种的木材，但他们尤其喜爱具有独特纹理和颜色的木材，因为这样的木材可以使作品曲线自然，宛若天成，更加具有艺术渲染力。

无论是迫于特定作品的制作要求，还是单纯地为了增加一点趣味，每个木匠都有必要尝试使用新的木材。幸运的是，有丰富的木材种类可供选择。木皮、木旋用坯料，甚至各种木板都很容易通过互联网进行购买。

当然，尽管许多木材具有相似的颜色、纹理图案或纹理结构，但每种木材都有其独有的特征。阔叶材因其强度、装饰效果、丰富的颜色和耐用性而备受青睐。而针叶材往往更为便宜，通常在建筑行业用作功能材料。

下图中古老的狐尾松（*Pinus longaeva*）具有独特的天然纹理，深受木旋工匠的青睐，他们会尽可能地在成品中保留狐尾松的天然纹理。

木材是用途最广泛的材料之一：在熟练工匠的手中，一款实用的木制品可以摇身一变，成为美丽的艺术品（下页图）。

理想的木材

完美的木材不仅易加工且加工过程令人愉悦，同时还会带给人视觉上的享受。理想的木材应具有以下特征。

1. 通常纹理较直。
2. 纹理细密，质地坚硬，表面涂饰性好；或纹理粗大，光泽好。
3. 虽然存在某些缺陷，但在不影响利用率的情况下，这类缺陷可以带来特殊的装饰效果。
4. 具有独特的颜色和纹理图案。

木材类别

浏览本书中的树种列表，你会遇到很多树种的学名和商品名。几乎各个大陆都有橡树的存在，实际上，这种树木数百年来一直是木材行业中的主要树种之一。家具制造行业常用的其他木材还包括产自温带的榆木（Elm）、白蜡木（Ash）和山毛榉木（Beech）等，以及产自热带的桃花心木（Mahogany）、柚木（Teak）和黄檀木（Rosewood）等。

长期以来，几乎所有来自其他树种的木材都只是上述少数树种木材的替代品。但随着这些传统优势树种资源的短缺和人们品味的变化，很多原来的替代木材越来越受到欢迎。例如，来自槭属（Acer）树种的木材俗称枫木，其纹理致密，加工方便，色浅而均匀，因而备受喜爱；樱桃木（Cherry）则因为具有某些类似桃花心木的品质，且来源更广、更可靠，所以备受青睐。现在大量涌现的各种非传统热带树种阔叶材可能是人们对寻找新的耐候性树种木材以替代柚木等濒危树种木材，并再现桃花心木家具品质的一种尝试。但大多数时候，这些替代木材在材色、纹理图案和加工性能等方面都与对应的传统木材相差甚远，这也解释了为什么樱桃木这样的温带阔叶材会如此受欢迎。当然，在许多情况下，来自替代树种的热带阔叶材仍然是窗户、木门和很多细木工制品的最佳用材。

最珍贵的树种木材，如乌木（Ebony）和黄檀木，非常昂贵，通常只用于装饰效果或用来制作木皮。环保运动间接促进了少量过去闻所未闻的树种木材进入人们的视野。它们大多由热带地区的公共森林企业提供，其中一些木材具有漂亮的颜色和纹理图案，只是由于之前很少使用而不为人知。

针叶树人工林（左下图）是刨花板和建筑用针叶材的主要来源。温带阔叶材主要来自北半球的森林，这种森林中包含多种阔叶树种（右下图）。越来越多的热带阔叶材被家具制造商用于现代家具的制作（下页图）。

如何选择木材

选择木材需要考虑很多因素。如果有严格的预算，那么木材价格是一个重要因素，利用率也需关注。作品结构也会限制木材的选择范围，具体情况取决于设计要求，是需要硬度较大、强度较高的木材，还是可以随意一点。例如，坚固的桌面最好使用不易变形的木材制作，抽屉组件也一样，因为它们需要彼此匹配且稳定，并能使用多年。

材色对于匹配已有的家具或者增强特定的设计效果是很重要的。尽管许多木匠更喜欢木材的天然色，但染色剂在需要丰富的颜色效果时可以提供一定的帮助。同时还需要考虑木材的纹理图案和样式。虽然使用极具装饰性的木材通常很吸引人，但有时复杂的设计反而要求简洁的表面效果。相对地，一块独特的木板往往可以将简单的设计提升到全新的高度。

纹理可以像颜色一样被创造性地运用。对橡木和榆木等纹理较粗的木材进行喷砂或用钢丝刷处理，然后再用石灰或染色剂进行处理，可以获得戏剧性的效果。而抛光性好的黄檀木则常用于制作更为正式的作品。颜色和纹理对比鲜明的木材易于搭配，但它们之间通常需要某种形式的视觉缓冲；在尝试为不太可能的搭配组合选材时需要格外小心。

选择木材时，要时刻记住，珍贵木材的漂亮颜色和纹理可以赋予作品极好的装饰性和艺术性。

庭院家具的要求不同于室内家具，需要选用稳定耐用，且能搭配防腐剂使用的木材。

为作品选择木材的7个步骤

1. 根据设计确定需要多少木材。

2. 综合样式、材色和纹理要求考虑作品的最终设计。朴素的沙克风格（Shaker style）家具的内饰无须使用名贵的木材，枫木、樱桃木、桦木（Birch）和一些果树木材就足够了。大多数的进口阔叶材，尤其是来自热带森林的阔叶材，更适合用于正式的装饰环境；粗纹理的橡木、榆木和白蜡木具有较为柔和的视觉效果，则适合在相对不太正式的环境中使用。

3. 也可以根据功能选择木材：白蜡木适合制作弯曲部件，乌木适合为作品边缘镶边，北美香柏（Thuja occidentalis）适合制作抽屉底板（可以保持芳香的气味并防虫）。如果试图对抗木材的天然特征，例如，尝试弯曲轻木（Balsa）你很难成功，徒然浪费精力罢了。此外，还要注意，有些木材的胶合性能不是很好，而另一些则需要特殊的表面处理。

4. 某些树种只能提供尺寸有限的木材。又长又直的黄杨木（Boxwood）非常适合制作工具手柄，但你很难找到大量的这种木材；乌木是木旋工匠喜爱的木材，但乌木宽板则很少见。如果木材厚度没有超过1 in（25.4 mm），则很难用其制作桌面。当然，只要纹理对比没有强烈到会留下明显的拼接痕迹，现代胶黏剂可以帮助我们使用几乎所有木材制作部件。

5. 多与同行交流，并查阅本书以找到合适的树种。同时查验木材来源是否经过认证并可持续提供木材。

6. 应了解加工特定木材的潜在风险，尽管木匠始终会采取必要的安全防范措施，但仍有许多树种的木材粉尘会引起呼吸道疾病、皮肤过敏以及其他问题。

7. 尽可能缩小选材范围，最好首先从本地供应商那里寻找想要的木材。如果仍然找不到，可以查阅本书中列出的木材替代品。

工作安全

加工木材时，应自始至终采取预防措施以防止机械事故。使用护耳罩和护目镜，佩戴防尘口罩或呼吸器以防止粉尘进入鼻腔和肺部。有些树种因其木材粉尘具有毒性而备受嫌弃，这些粉尘会导致呼吸道疾病、皮肤过敏，或加剧现有的过敏症状。

在使用特定的木材之前，一定要清楚了解木材对健康的危害。某些树种木材尚未发现有害健康的确切证据，只是行业内有些许传闻，因而直接将其列为有害木材树种是不负责任的，同时也要注意，有一些有害木材树种可能被遗漏了。总之，务必谨慎行事，使用木材时应记录下该木材可能产生的任何不良影响。如果出现症状应尽快就医。

把眼睛、鼻子和嘴巴保护起来是明智之举（以及保护耳朵免受噪声的侵害），还应将环境的粉尘量控制在最低水平。尽可能减少打磨操作，并将所有台式电动机器和手持电动工具连接到除尘系统来降低环境中的粉尘量。还可以配置环境粉尘过滤器，以去除最细小的粉尘颗粒。

木材是一种非凡的材料，可能也是所有材料中用途最广泛的。它坚固、美观且易加工，有多种尺寸可选，适应性强。最重要的是，木材是可再生资源，至少在理论上是这样的。问题在于，由于人们一直以来过度砍伐森林而无视后果，导致最近几十年来很多木材日益紧缺，甚至消失。

对森林破坏的广泛关注始于20世纪80年代，当时，诸如"国际绿十字会"（Green Cross International）、"雨林联盟"（Rainforest Alliance）、"地球之友"（Friends of the Earth）、"绿色和平"（Greenpeace）和"世界自然基金会"（World Wild Fund for Nature，WWF）等非政府组织都强调了热带雨林面临的困境。这些组织的宣传引起了人们对物种灭绝和森林逐渐荒漠化的广泛关注。联合国环境规划署世界保护监测中心（The UN Environment Programme World Conservation Monitoring Centre，UNEP-WCMC）和世界自然保护联盟（The International Union for Conservation of Nature，IUCN）也进行了大量的研究。对任何关心采购木材的机构来说，国际热带木材组织（The International Tropical Timber Organization，ITTO）极具价值且意义重大。最后，《濒危野生动植物种国际贸易公约》（The Convention on International Trade in Endangered Species of Wild Fauna and Flora，CITES）要求追踪用于商业销售的濒危树种和木材。

如果说合法或其他方式的采伐一直是个问题的话，那么毁林开荒无疑是造成破坏的罪魁祸首。热带雨林中的生态系统依靠树木为脆弱的土壤系统提供保护，并从腐烂的木材和树叶中吸收养分。一旦树木消失，土壤无法支撑长期的农业生产，其后果就是荒漠化蔓延。需要关注热带雨林保护的理由还在于，雨林中树木的燃烧是全球碳排放的最大单一来源。

受益于环保组织的推动，来自可持续生产途径的木材的需求不断增长。森林管理委员会（Forest Stewardship Council，FSC）和其他类似的组织支持那些具有长期规划和正规管理的森林企业。为了在全球范围内推进正规的森林管理，FSC确保其规则也适用于各种温带森林，同时，北美和斯堪的纳维亚半岛的木材生产商也在出售越来越多的来自私人林地、公共林地和共有林地的认证木材。美中不足的是，温带森林比热带雨林更容易获得FSC认证，结果导致生存威胁最小的北半球森林获得了木材竞争的相对优势。

经FSC认证的木材标有该组织的标志，如图所示。这样可以保证木材来自正规管理的森林，并能以可持续的方式生产。在这样的森林中，树木在被采代的同时，相应的种植计划会同步启动。

认证如何运作？

FSC认证是目前木材生产领域最权威的认证。包括"雨林联盟"和"森林伦理"（ForestEthics）在内的大多数环保组织都在推广FSC的认证和标志，并引导消费者从经过FSC认证的供应商处购买木材。

很多第三方认证机构，在审核林业企业、木材加工商和木制品制造商时同意遵循FSC的指南。获得认证的公司可以根据审核结果在特定产品或整个产品范围内使用FSC标志。其他一些认证方案可能不太为人所知，但同样代表了木材行业规范的发展趋势，其中包括缩写形式为CSA、MTCC、SFI、PEFC和LEI的认证。认证机构（如FSC）和认证方也不能免于被环保主义者批评。环保主义者担心，这些组织可能会为了推广更多的木材认证而降低标准。可以访问FSC Watch和Global Watch的网站以了解更多信息。

濒危树种

大多木材加工者认为确定所用木材的来源是其责任；而购买FSC认证的木材被认为是可靠的方法。经过认证的树种及其加工板材的范围在不断扩大，但即使是在温带地区，这也会对无法承担认证费用的小型木材产品生产商带来不利影响。

"毁林"是一件很糟糕的事情，但是滥伐的后果更为严重，这会使一些物种濒临灭绝。许多组织都在持续追踪被认为有灭绝危险的物种。其中最重要的是CITES，该公约列出了3份有贸易记录的濒危树种的附录。

列入CITES附录I的树种被定义为"受到灭绝的威胁"。附录I同样指出，所列物种"受到和可能受到贸易的影响而有灭绝危险"。巴西黑黄檀（*Dalbergia nigra*）是CITES附录I中列出的较为知名的树种之一。它理应不被使用（除非从旧家具回收，它在任何情况下都是不可获取的）。

需要关注的树种

　　CITES附录中的树种名录确实会不时地发生变化，但以下这些树种的特征始终如一，并被各种组织确定为管制物种。应关注这些木材的认证来源，或改用其他替代树种。

树种拉丁文学名	树种商用名	树种中文名	濒危级别
Acacia koa	Koa	夏威夷相思木	VU
Araucaria angustifolia	Parana pine	狭叶南洋杉	CR
Araucaria araucana	Monkey-puzzle tree	智利南洋杉	A1, CR
Aucoumea klaineana	Gaboon	奥克榄	VU
Caesalpinia echinata	Brazilwood	巴西苏木	A2
Cedrela odorata	West IndianCedar	香洋椿	A3, VU
Chloroxylon swietenia	Ceylon Satinwood	缎绿木	VU
Dalbergia latifolia	Indian rosewood	阔叶黄檀	VU
Dalbergia nigra	Brazilian rosewood	巴西黑黄檀	A1, VU
Dalbergia retusa	Cocobolo	微凹黄檀	A3, VU
Dalbergia stevensonii	Honduras rosewood	伯利兹黄檀	A3
Diospyros celebica	Macassar ebony	苏拉威西乌木	VU
Diospyros crassiflora	Ebony	厚瓣乌木	EN
Entandrophragma cylindricum	Sapele	筒状非洲棟	VU
Entandrophragma utile	Utile	良木非洲棟	VU
Guaiacum species	Lignum vitae	愈疮木	A2, EN
Khaya ivorensis	African mahogany	红卡雅棟	VU
Lovoa trichilioides	African tigerwood	虎斑棟	VU
Microberlinia brazzavillensis	Zebrawood	小鞋木豆	VU
Millettia laurentii	Wenge	非洲崖豆木	EN
Pericopsis elata	Afrormosia	大美木豆	A2, EN
Pinus palustris	Longleaf pine	长叶松	VU
Sequoia sempervirens	Redwood	北美红杉	VU
Swietenia macrophylla	American mahogany	大叶桃花心木	A2, VU
Swietenia mahogani	Cuban mahogany	桃花心木	A2
Tieghemella heckelii	Makore	猴子果木	EN
Terminalia ivorensis	Idigbo	科特迪瓦榄仁	VU

注：A1是指CITES附录I；A2是指CITES附录II；A3是指CITES附录III；CR、EN、VU分别对应IUCN濒危物种红色名录中的极危、濒危和易危等级。

列入CITES附录II的树种被定义为"濒危"物种，其贸易是受管制的，出口商必须证明木材的砍伐是合法的，并能够以可持续的方式进行生产。由于供应商提供的可持续性证明并不总是值得信赖的，因此，我们建议只购买经过FSC认证的木材，因为该认证比CITES更为严格。你也可以研究IUCN红色名录，以了解哪些树种处于濒危状态。"全球树木保护行动"（Global Trees Campaign）罗列了受到威胁的树种，并解释了为什么它们处于危险中，以及如何保护它们。

得益于反对砍伐古木和老龄林的运动，温带树种并未因乱砍滥伐而受到灭绝的威胁。然而，对许多木材加工者来说，最简单的选择就是购买来自温带树木的木材，无论有没有经过认证，都可以完全规避热带树种。不过，物极必反，森林的存续同样依赖于收入来维持，从可靠的来源购买进口阔叶材可以促进热带树种的可持续采伐，并保护热带雨林，使其免于沦落为更直接的、更有利可图的产品。

回收旧木材

从旧家具和建筑物中回收废弃木材既明智又经济。只要没有在室外腐烂，木材都会根据其所处环境自然风干。这可能是找到一些稀有木材的唯一途径，例如桃花心木和巴西黑黄檀。不再适合现代品味的老旧柜子、桌子和箱子，其木材均可以用来制作漂亮的现代家具。

许多废品回收机构出售回收木材。"森林伦理"组织按地区列出了其中一些出售废旧木材的美国机构的分布。使用再生材可以确保没有任何树木被非法采伐或滥伐。

一个有良心的木匠

这里给出了一些购买可持续性木材的步骤。

1. 如果你打算使用热带阔叶材，请在本书的相关部分查阅其濒危状态，或者查阅环保组织制作的名录。如果其濒危，请购买经过FSC认证的木材，或选择未被管制的其他木材。
2. 尽管人们对天然林木材感到担忧，但大多数温带森林不像热带森林那样面临威胁。选择经过认证的产品可以让人心安。在考虑使用当地锯木厂的木材时，要了解它们的木材来源，是否能够以可持续的方式供应。因为很多锯木厂往往承担不起认证费用。
3. 向供应商询问要购买的木材的状态。这有助于提高供产商的认识并鼓励他们检查木材的来源。
4. 使用自己回收的木材，或从废品回收机构购买拆卸的木板或旧家具。

相关网站

以下网站提供了有关可持续性和濒危树种的更多信息。
CITES附录 I和附录II
www.cites.org
森林伦理
www.foresethics.org
森林管理委员会
www.fscus.org
FSC国际
www.fsc.org
全球树木保护行动
www.globaltrees.org
优质木材指南（Good Wood Guide）
www.foe.co.uk/pubsinfo/pubscat/practical.html
国际热带木材组织
www.itto.or.jp
IUCN濒危物种红色名录
www.redlist.org
雨林联盟
www.rainforest-alliance.org

无论互联网如何改变我们购买木工工具的方式，锯木场和家居中心仍然是购买木材的最佳场所。连锁店和供应商为家装爱好者和建筑行业提供服务，主要供应光面或粗锯的针叶材，以及种类有限的刨光阔叶材。

对于更多种类的阔叶材，你可能需要寻找专业的木材场或高档阔叶材的供应商。寻找本地或进口温带阔叶材的供应商并不困难，因为供应商通常约有20种木材可供选择；而高档进口木材的供应商则很少。对于少量的木材或木皮，通过互联网或目录指定渠道购买可能更为经济。应先少量订购以测试卖家的服务质量。

刨光板材还是粗锯板材？

板材可以是刨光的，也可以只是粗锯开而板面粗糙的，后者主要用于建筑行业。尤其要注意的是规格材，存在公称尺寸和净尺寸之分

（参阅第13页"公称尺寸和净尺寸"）。公称尺寸与木板的锯切尺寸有关，净尺寸则是指木板经过刨光后的尺寸。在购买刨光木材时，供应商通常提供的是公称尺寸。但也不绝对，现在，某些邮购订单会注明净尺寸。

家居中心出售的阔叶材通常都是四面光（S4S）板材。也可以购买只有两面刨光的两面光（S2S）板材。如果从当地的锯木厂或专业阔叶材供应商处购买板材，板材通常只经过了粗锯，大面和边缘没有经过刨光处理，因此更加难以判断板材的质量、材色和纹理状况。板材的厚度和宽度也会随原木的锯切形式而变化。

将粗锯板材表面刨光的最快方法是使用平刨和压刨。如果没有这些设备，那么除非你特别喜欢手工刨削，否则，购买现成的刨光板材就是唯一的选择！但是刨光板材比粗锯板材更贵，因为你要支付加工费用，还会浪费部分材料。在自己的工房处理板材可能更有效率，并

标有质量等级、即将用于锯切板材的硬木原木。

准备销售的四面光（S4S）锯切板材。

能在减少木材损耗的同时获得所需的尺寸。刨光后的板材在运输到其他地方时仍会发生形变，可能需要进一步的加工处理。

整边板材还是毛边板材？

所有针叶材板材和大多数阔叶材板材都是整边供应的，因此容易估算用量。一些锯木厂直接出售的本地阔叶材板材，以及一些从欧洲进口的阔叶材板材，可能具有一两个毛边（不规则边缘），甚至带有树皮。对于毛边板材，工厂通常会测量最宽和最窄的点，然后得出平均宽度。要注意那些带有缺陷或边材部分较宽的板材，这些部分通常算作废料而无须付费。

计算木材价格

针叶材板材有标准的宽度和厚度范围，因此其价格通常由长度决定。这就是所谓的按长度定价，即以板材长度的英尺数决定价格高低。这种计价方式适合规格板材。

阔叶材板材的尺寸因树种和来源而异，故通常按体积计算，单位为"板英尺"（BF），1 BF等于$1/12$ ft³或144 in³（0.00236 m³）。计算阔叶材板材的价格，先要确定阔叶材板材的"板英尺"数，即以厚度英寸数乘以宽度英寸数，再乘以长度英寸数，最后除以144。

对于较长的板材，通常用英尺而不是英寸作为长度单位，用英寸作为厚度和宽度单位。这样在计算板材的"板英尺"数时，用厚度英寸数乘以宽度英寸数，再乘以长度英尺数，然后除以12而不是144。

公称尺寸和净尺寸

购买板材时你可能会被板材的尺寸术语搞糊涂。对于粗锯的阔叶材板材和针叶材板材，所见即所得，一块6 in × 1 in的板材，其真实的尺寸就是6 in（152.4 mm）宽、1 in（25.4 mm）厚。但

有毛边的锯切板材。

刨光阔叶材板材的厚度（单位：in）

公称尺寸	净尺寸
1	¾
1½	1¼~1⅜
2	1¾~1⅞
2½	2¼~2⅜
3	2¾~2⅞
4	3¾~3⅞

注：1 in ≈ 25.4 mm

是刨光板材通常给出的是公称尺寸，即板材被刨削之前的宽度和厚度尺寸。因此，刨光板材的尺寸可能比公称尺寸小¼ in（6.4 mm）。

购买刨光针叶材板材时，你可能要求供应商提供公称尺寸，但得到的却是净尺寸。二者相差¼ in（6.4 mm）、½ in（12.7 mm）或¾ in（19.1 mm）。大多数销售的刨光针叶材板材的公称厚度为1 in（25.4 mm）和2 in（50.8 mm），宽度为2~12 in（50.8~304.8 mm）不等。

针叶材板材常见规格（单位：in）

公称尺寸	净尺寸
1×1	¾ × ¾
1×2	¾ × 1½
1×3	¾ × 2½
1×4	¾ × 3½
1×6	¾ × 5½
1×8	¾ × 7¼
1×10	¾ × 9¼
1×12	¾ × 11¼
2×1	1½ × ¾
2×2	1½ × 1½
2×3	1½ × 2½
2×4	1½ × 3½
2×6	1½ × 5½
2×8	1½ × 7¼
2×10	1½ × 9¼
2×12	1½ × 11¼

注：1in≈25.4mm

木材利用率

一定要购买比作品所需更多的板材，因为制作时肯定会有浪费及操作失误。还要注意，板材经刨光后，其厚度损失最多可达¼ in（6.4 mm）。边材和板材的缺陷也会增加损耗，因此板材的最终利用率可能在60%~80%，具体取决于树种和板材等级，以及你购买的是S4S板材还是粗锯板材。

虽然用一系列板条横向拼接制成宽板会增加时间成本和材料损耗，但能提高宽板的稳定性。拼板时，除非是太薄或太窄的板条，一般使用奇数块的板条，这样拼板的效果更好。

锯材分级

阔叶材板材是根据板材的尺寸以及可以从板材上切取可利用的无疵材的出材率进行分级的；这是美国国家阔叶材板材协会（National Hardwood Lumber Association）制定的标准。品质最好的阔叶材板材被归为"一等"和"二等"，这类板材在技术上单独划为一类，通常组合为FAS（Firsts and Seconds）类。FAS板至少要有6 in（152.4 mm）宽，8 ft（2438.4 mm）长，以及83.33%以上的净材面（无节材）。此类木材非常适合制作高档家具。

如果难以获得整块的宽板，可以通过拼接较小的板条获得宽板。拼接的宽板更为稳定且抗翘曲。

准备一份购买清单可以确保买到所需的板材，而不至于运回后发现板材不够用，或者买回了没用的板材。

1. 根据你对板材的长度、宽度和厚度的了解，为作品所需的每块板材制作一份切割清单，并将其转换为材料清单。长度是关键，拼接和胶合可以获得更宽、更厚的木板，但很少沿长度方向拼接木板。

2. 确保清单中包含30%的损耗率，以便你有足量的板材完成作品。

3. 购买刨光板材时，要搞清楚供应商提供的是公称尺寸还是净尺寸，以确定购买的量。

4. 仔细检查板材的外观缺陷，特别是节子和开裂，这些缺陷会影响实际能使用的尺寸。特别要注意长度方向，这点很重要。

5. 对于存在形变的板材，通常可以沿其瓦形形变的长度方向切割，切割后可重新胶合制作面板；如果要将板材切到较短的长度，弓弯的板材完全可以胜任；尽量避免使用扭曲的板材。

6. 搬运板材时要小心，关键位置的凹坑会影响板材的利用；注意插入湿度计的位置，应选在对成品而言不显眼的地方，最好是新切割的端面上。

接下来的两个等级划分方式与之类似，是特选级和普1级。这两个级别的板材有时被合称为"普1以上级"。单面的无节板材或较小规格的无节板材被视为FAS板的替代品。

大多数针叶材板材被称为建筑用材，特别是"庭院木材"等级，其等级是根据板材外观而不是强度进行划分的。这些等级包括普通级（1~5级）、外观级（分成品外观级和精选外观级）等7个等级。其划分都是根据板材较好一面的节子等缺陷的数量和大小进行判断的，而不是像阔叶材板材那样，参考较差的一面进行分级。大多数木匠使用"外观级"板材制作较为正式的作品，而使用"普通级"板材制作搁板、镶板和室内细木工等DIY作品。"外观级"板材的最佳等级被称为"精加工和精选"，这类板材经过了预成形加工或刨光处理，且为S4S板材。

标有质量等级的S4S板材。

木材工业常用的缩写词

销售术语

缩写词	英文全称	备注
ADF	after deducting freight	不含运费
AL	all lengths	不等长规格
AV	average	平均
AW	all widths	不等宽规格
AW&L	all widths and lengths	不等宽、不等长规格
BD	board	板材
BD FT	board foot/feet	板英尺
BDL	bundle	打垛
BL	bill of lading	提货单
CC	cubical content	材积量
cft, cu.ft.	cubic foot or feet	立方英尺
CIFE	cost, insurance, freight and exchange	到货价，含成本、保险、运输和交割
C/L	carload	载货量
DIM	dimension	尺寸
E	edge	侧边
ED	equivalent defects	等效缺陷面积
FA	facial area	板面区域
FBM, Ft.BM	feet board measure	以板英尺计量
FOB	free on board	离岸价
FRT	freight	货运
FT, ft.	foot or feet	英尺
FT. SM	feet surface measure	以英尺计量的表观材积
G	girth	围长
GM	grade marked	等级标记
Hdwd.	hardwood	阔叶材
H&M	hit and miss	随机的
H or M	hit or miss	随机的
IN, in.	inch or inches	英寸
LBR, Lbr	lumber	锯材（成材）
LCL	less than carload	少于装载量
LGR	longer	更长
LGTH	length	长度
Lft, Lf, 1in. ft	lineal foot or feet	每英尺长
LIN, Lin	lineal	直线
M	thousand	千
MBM, MBF	thousand (feet)	千板英尺
M. BM	board measure	板材检量（材积检量）
Mft	thousand feet	千英尺

缩写词	英文全称	备注
MW	mixed widths	混合板宽
NBM	net board measure	净材积计量
No.	number	计数
Ord	order	订购
Pcs.	pieces	件数
R/L, RL	random lengths	非固定长度
R/W, RW	random widths	非固定宽度
Sftwd.	softwood	针叶材
SM	surface measure	表面测量
Specs	specifications	规格标准
Std. lgths	standard lengths	标准长度
STK	stock	库存
TBR	timber	木材
WDR wdr	wider	更宽的
WT	weight	重量
WTH	width	宽度

等级术语

缩写词	英文全称	备注
AD	air-dried	气干
B1S	bead one side	单边铣型的板材
B2S	bead two sides	两边铣型的板材
B&B, B&BTR	B and better	B级及以上
BEV	bevel or beveled	材边成斜面
BH	boxed heart	空心（髓心中空）
BSND	bright sapwood no defect	边材干净无缺陷
BTR	better	更高等级
CB	center-beaded	板厚中央铣型的板材
CG2E	center groove on two edges	两侧边缘家具居中凹槽
CLR	clear	无缺陷良材
CM	center-matched	板厚中央企口拼板
CV	center V	板厚中央V形企口拼板
DKG	decking	户外地板级
D1S	dressed one side, see S1S, etc.	单面光板材
FAS	firsts and seconds	一等二等材
FAS1F	firsts and seconds one face	单面达到一等二等材
FG	flat grain	弦面纹
FLG	flooring	地板材

FOHC	free of heart center	不含髓心材
FOK	free of knots	无节材
FURN	furniture stock	家具材
G or GR	green	生材
Hrt	Heart	心材
J&P	joists and planks	梁柱及厚板材
JTD	jointed	拼板材
KD	kiln-dried	窑干材
MC, M.C.	moisture content	含水率
MCO	mill culls out	工厂剔除材
MG	medium grain or mixed grain	纹理适中
MLDG	molding	模制用材
M-S	mixed species	混合树种
MSR	machine stress-rated	应力机械分等材
N	nosed	嗅探
P	planed	刨光材
PAD	partially air-dried	部分气干
PE	plain end	材端平直
PET	precision end trimmed	材端修整平直
Qtd.	quartered	径切板
RDM	Random	随机地
REG, Reg	Regular	规格材
RES	Resawn	再加工材
RGH, Rgh	Rough	粗加工材
S-DRY	surfaced dry (19% MC or less)	表面干燥（含水率19%或以下）
SE	square edge	四边整齐（锯材四面相互平行和垂直）
SEL	select or select grade	精选级
SE&S	square edge and sound	四边整齐且材质健全
SG	slash grain	弦面纹
S-GRN	surfaced green (more than 19% MC)	表面生材（含水率19%以上）
SGSSND	sapwood, gum spots and streaks, no defects	边材，有树胶斑和色斑，但无缺陷
SQ	square	板材方正
SQRS	squares	六面整方
SR	stress-rated	应力分等
SSND	sap stain no defect	边材有色斑但无缺陷
STD. M	standard matched	符合标准
STD, Std	standard	标准
STR, STRUCT	structural	结构材
S&E	surfaced side and edge	表面和侧边刨平的
S1E	surfaced one edge	单侧边刨平的
S2E	surfaced two edge	双侧边刨平的
S1S	surfaced one side	单面刨平的
S2S	surfaced two sides	双面刨平的
S4S	surfaced four sides	四面刨平的
S1S&CM	surfaced one side and center matched	板厚中央企口单面光拼板材
S1S1E	surfaced one side and one edge	单面和单侧边刨平的
S2S&SL	surfaced two sides and shiplapped	双面刨平并搭接
T&G	tongued and grooved	企口接合的
UTIL	utility	多用途
VG	vertical (edge) grain	垂直纹理
WHAD	worm holes a defect	具虫眼
WHND	worm holes no defect	具虫眼但无其他缺陷

树种

缩写词	英文全称	备注
AF	Alpine fir	毛果冷杉（高山冷杉）
DF	Douglas fir	北美黄杉
DF-L	Douglas fir, larch	北美黄杉与落叶松
ES	Engelmann spruce	恩氏云杉
HEM	Hemlock	铁杉
IC	Incense cedar	北美翠柏
IWP	Idaho white pine	加州山松（爱达荷白松）
L	Western larch	粗皮落叶松（西部落叶松）
LP	Lodgepole pine	扭叶松
MH	Mountain hemlock	黑铁杉（高山铁杉）
PP	Ponderosa pine	西黄松
SIT. SPR, SS	Sitka spruce	西加云杉
SP	Sugar pine	糖松
SYP	Southern pine	南方松
WC	Western cedar	洛基山桧木（洛基山刺柏）
WCH	West Coast hemlock	异叶铁杉
WCW	West Coast woods	西海岸森林
WF	White fir	北美黄冷杉
WRC	Western red cedar	红崖柏
WW	White woods	白森林（云杉等）
YP	Yellow pine	北美乔松（黄松）

了解树木的生长方式有助于了解板材的性能。树根起着固定的作用，使树木可以直立生长，并能吸收水分和矿物质。树液通过木质部的外层（边材），以及树皮下方的形成层由下而上送达干渴的叶子，水分在那里蒸发。叶子吸收二氧化碳，并在阳光的帮助下，通过光合作用将其转化为养分，供树木生长。

形成层细胞在其生长初期可以携带或储存树液，但随着树木的生长，它们会转变为树干的刚性部分。在春季和初夏，形成的细胞相对较大且充满了树液。这些细胞就像一系列紧密连接的微管一样，汁液从一个细胞向上传输到另一个细胞。在每年的晚些时候，细胞会变得更小，细胞壁更致密，主要用于输送水分和强化树干。尽管树液主要是向上输送的，但少量树液也可以通过射线细胞向中心传输。射线细胞垂直于年轮分布，在锯切径切板时，可以在板面上形成具光泽和色彩的特殊图案。

树木的边材部分每年都会长出一层新的早材和晚材，而靠近中心的老边材则会转变为心材，以支撑树木。正是这种转变带给木材非凡的强度。年轮的累积还为我们提供了一种辨别树木甚至板材年龄的方法。树木的边材和心材在其整个生命周期中保持着一定的比例。而树干的中心，木材细胞经常遭受真菌的侵袭而发生腐烂，这可能最终导致树木死亡，但同时也促成了木材的各种特殊变化，比如橡木会变成深棕色，白蜡木的心材经常带有橄榄色条纹等。

木材特性

没有两种木材是相同的，各种木材都具有复杂的组合特征。物种的遗传学决定了同种树木共同拥有这种特征，无一例外。同时，生长环境、土壤类型或气候又决定了每棵树都有其独特性，无一相同。

树干的横截面（下图）显示了年轮、木射线和中间较暗的心材。这块径切木板（右图）：底部为心材，位于顶部边缘的浅色条带为边材。

白蜡木　　　　橡木　　　　核桃木　　　　桦木　　　　枫木　　　粗纹理
和细纹
理木材

心材和边材

心材与边材的比例因树种而异。核桃木（*Juglans regia*）以其紫褐色材色、精美卷曲纹理和均匀的结构而备受赞誉。然而令人遗憾的是，核桃木毫无用处的浅色边材不仅质地松软，而且很宽。欧洲红豆杉（*Taxus baccata*）的心材和边材的材色同样差异显著，被许多木匠作为识别该树种木材的特征。

其他木材，特别是热带阔叶材，其边材很少，几乎不可辨。有些树种的心材和边材之间的过渡十分平缓，以至于许多边材可以安全地用于制作木制品。总之，首先得分出心材和边材部分，例如，橡木的心材具有相当强的抗虫特性，但其边材却极易遭受虫蛀，因此到处都是虫眼。

纹理

木材的纹理是木匠老生常谈的话题，他们不停地讨论着各种纹理的特质，并总是拿某种纹理的优点与另一种纹理的缺点进行比较。在考虑木材纹理时，有三点是不能忽视的：纹理结构、纹理均匀性和纹理方向。

纹理结构

大多数木材的纹理结构被描述为粗纹理或细纹理，当然，有许多是介于两者之间的。粗纹理木材，如橡木、白蜡木和核桃木，通常用来输导树液的细胞较少、较大，这导致木材表面存在较大的孔隙，在表面处理时必须填充孔隙才能获得光滑平整的表面。许多木匠喜欢这类木材，并通过喷砂或用钢丝刷处理来突出其粗纹理的特性。桦木或枫木等细纹理木材，其形成层细胞较小，数量较多。虽然这些细纹理的木材光泽较弱，但它们更容易获得光滑平整的表面。红豆杉尽管具有致密且均匀的纹理，但由于其纹理普遍交叉，纹理方向不一致，因此利用起来非常困难。

纹理均匀性

你在板材上看到的木条纹通常由一个生长季节早期形成的大而薄壁的细胞与一个后期形成的小且细胞壁较厚的细胞共同组成，早晚材的不同细胞产生的木材密度、颜色差异形成了木材的纹理。在全年温度均匀的热带雨林中，树木早材和晚材的差异很小。这种木材因具有均匀一致的纹理而备受青睐。但是，这并不意味着它们总是易于加工，一些木材同样存在粗大、交错的纹理。在温带地区，早材和晚材之间的对比更为明显，视觉上更赏心悦目，但有时也存在弊端。早材和晚材的密度差别使木材难以锯切和刨削，工具在碰到较硬的晚材时会跳动，锯子和凿子也很容易偏离既定路线。

纹理方向

纹理方向因树种而异，有时同一树种的两棵树之间也会不同。最常用的木材，诸如美国白栎木（*Quercus alba*）和黑核桃木（*Juglans nigra*），因其纹理通直而备受青睐。这种直纹是由轴向排列的细胞生长形成的，它们都沿树干方向排列（指向天空）。但即使是遗传上具有直纹的树种，也会由于恶劣的环境和林地管理不善，而产生各个方向排列的细胞。虽然由各种动植物组成的森林因其生物多样性而受到重视，但它们并不总是能生产出高价值的直纹木材。即使纹理是直的，也不意味着纹理是一致的或均匀的。好的锯切方式应该使木材纹理平行于板材的长度方向，以便锯子或手工刨可以顺纹理锯切或刨削，这样就不会因纹理方向的改变而使木材撕裂。

其他木材，如栗木，常有螺旋状纹理，这种纹理甚至可以从树木的外部观察到。这使得加工更加困难，也导致该类木材的使用价值大幅缩水。从木匠的角度来看，使用具有交错纹理的木材最具挑战性，因为其纹理方向几乎无法预测，往往就在你以为正在顺纹理刨削时，纹理方向会突然改变，给你带来麻烦。

什么是花纹？

木匠们常会谈到木材的花纹，描述某块木板图案精美漂亮，而另一块木板则平淡乏味。花纹同时囊括了木材的纹理方向、均匀性和一致性这些特性，也限定了木板的外观、手感和用途。木材的花纹与木板的裁切方式有关，也受到树木的扭曲、螺旋等生长方式的影响。

如何干燥木材

许多人认为，因为木材始终存在形变，所以加工成板材之后仍然是活的。实际上，木材的形变是其吸收环境中的水汽或者向空气中释放水分，导致木材含水率发生变化引起的。树木砍伐后，林业工人、锯木厂和木材加工者都有责任关注木材含水率，应逐步干燥木材，以免板材开裂、翘曲或扭曲。

砍伐的树干会很快失水收缩，如果放置的时间过长，裂缝就会从髓心（原木中心）沿半径方向呈放射状扩展。通过将圆木（原木）锯切成板材，可以释放圆木中的应力，从而使木材能够更均匀地收缩。干燥过程要格外小心：板材必须堆放在干燥且通风良好的地方，板材之间要用木条隔开，以使空气在它们周围充分流通。可以通过各种类型的干燥窑来加快干燥过程。为了使板材长度方向的干燥速率保持一致，通常会在板材的端面涂抹油漆或上蜡。由于木材端面的干燥速率比其他位置更快，因此板材的端面容易出现开裂。

干缩率

幸运的是，木材干燥时几乎不会沿其长度方向收缩。一块板材会在其宽度和厚度方向收缩，但收缩速率各不相同。圆木端部出现裂纹的主要原因之一是，树木细胞沿年轮方向的收缩（弦向干缩）幅度比射线方向（径向干缩）更大。这种特性对原木的裁板方式有重大影响（参阅第22页"将原木锯切成板材"）。

用湿度计测量木材的含水率，湿度计显示的数字为百分比数值。自然气干可以将板材含水率降至约15%，具体数值取决于树种和所处环境。通常，每英寸厚的板材自然气干需要约1年时间。在集中供暖的房屋中，室内家具和细木工用材要求木材的含水率降至约10%，否则可能出现榫头松动、板面开裂等问题。木材最终的含水率调节通常是在木材储存间、平衡室（通常是温暖和干燥的）或特殊的干燥窑中进行的。

常用木材的干缩率

从生材到绝干材（0%）的全干干缩率（%）
资料来源：美国林产品研究所（United States Forest Products Laboratory，USFPL）

木材种类	径向全干干缩率(%)	弦向全干干缩率(%)	木材种类	径向全干干缩率(%)	弦向全干干缩率(%)
美木豆木	3.0	6.4	龙脑香木	5.2	10.9
红桤木	4.4	6.3	粗皮落叶松	4.5	9.1
美洲白蜡木	4.9	7.8	柳安木	4.4	5.4
轻木	3.0	7.6	非洲桃花心木	2.5	4.5
美洲椴	6.6	9.3	美洲桃花心木	3.0	4.1
水青冈	5.5	11.9	北美红栎	4.0	8.6
纸桦	6.3	8.6	美国白栎	5.6	10.5
黄桦	7.3	9.5	白梧桐木	3.1	5.3
德米古夷苏木	5.8	8.4	美洲柿	7.9	11.2
白核桃木	3.4	6.4	狭叶南洋杉木	4.0	7.9
北美翠柏	3.3	5.2	刚松木	4.0	7.1
美国扁柏	4.6	6.9	西黄松	3.9	6.2
洋椿	4.1	6.3	糖松	2.9	5.6
红崖柏	2.4	5.0	加州山松	4.1	7.4
黑樱桃	3.7	7.1	唐斯赛比葳	3.1	5.2
欧洲七叶树	2.0	3.0	紫心苏木	3.2	6.1
美国栗木	3.4	6.7	棱柱木	3.9	8.7
微凹黄檀	3.0	4.0	巴西黑黄檀	2.9	4.6
乌木	5.5	6.5	阔叶黄檀	2.7	5.8
榆木	4.2	7.2	筒状非洲楝	4.6	8.0
厚叶榆木	4.7	10.2	檫木	4.0	6.2
岩榆木	4.8	8.9	缎绿木	6.0	7.0
北美黄杉	4.8	7.5	西加云杉	4.3	7.5
绿心樟	8.2	9.0	一球悬铃木	5.0	8.4
异叶铁杉	4.2	7.8	密花石栎	4.9	11.7
光滑山核桃	7.0	10.5	柚木	2.2	4.0
冬青	4.8	9.9	中美洲肉豆蔻木	5.3	9.6
大绿柄桑	2.8	3.8	黑核桃木	5.5	7.8
边缘桉	4.6	6.6	核桃木	4.3	6.4
小脉夹竹桃	2.0	4.0	昆士兰土楠	5.0	9.0
异色桉木	7.2	10.7			

不同树种的木材在干燥时收缩量各不相同。下方的表格给出了原本1 ft（0.3 m）宽的木板达到上述含水率时的平均收缩量。

不同用途的木材适宜含水率

木材用途	适宜含水率(%)
热源附近的板材	9
强取暖空间的家具与室内木制品	11
一般取暖空间的家具与室内木制品	12
卧室等间断性取暖空间的家具与室内木制品	13
造船用材	15
庭院用材	16
建筑框架	22

板材从生材至最终含水率的干缩量

1 ft（0.3 m）宽的木板的收缩率（以in计）
资料来源：美国林产品研究所

木材最终含水率(%)	径向干缩(in)	弦向干缩(in)
25	0.10	0.15
20	0.20	0.30
15	0.35	0.50
10	0.42	0.70
5	0.60	0.85

工房中的木材收缩

对许多木工来说，重要的是要考虑到从板材气干后运至工房时20%的含水率，至集中供暖场所的成品家具含水率约为10%之间产生的木材收缩。右表为不同树种木材在这两个含水率间的径向和弦向的干缩率。

将原木锯切成板材

锯切原木过程中最重要的考量是如何获得

板材在工房中的干缩率

板材名称	径向干缩率(%)	弦向干缩率(%)
白蜡木	1.3	1.8
水青冈	1.7	3.2
黑栗豆	1.0	2.0
英国榆	1.5	2.4
美洲桃花心木	1.0	1.3
花梨木	0.5	0.66
柚木	0.7	1.2
夏栎	1.5	2.5
麻栎	1.0	2.8
斜叶桉	1.4	2.1
糖槭	1.8	2.6
核桃木	1.6	2.0

最大数量的可出售板材，并在板材质量和数量之间取得平衡。最简单的下锯法是将原木连续分层切下，获得厚度为1~4 in（25.4~101.6 mm）的板材，这种方法称为毛板下锯法（Through-and-through or Crown-cutting）。这种锯切方式得到的板材通常端面呈同心圆状的圆弧线年轮，板材大面为抛物线形或山水状的大花纹。

毛板下锯法很经济，效率高，但板材容易产生瓦形形变。

由于木材的弦向形变比径向形变至少大2/3，所以木匠通常偏爱年轮线与板材大面成直角的板材。这样，最大的干缩发生在板材的厚度方向，而不是宽度方向，从而降低了整块板材发生瓦形形变的风险。这样的板材被称为径切板（也称直纹板），相应的锯切方式被称为径切材下锯法（Quartersawn）。因为通常需要先将原木沿截面四等分，因此需要花费大量时间，技术要求也很高，且出材率较低。径切板的稳定性好，且板材的表面常因髓射线的存在而呈现独特的纹理图案，因而价值很高。

板材常见问题

板材在干燥过程中，以及运达加工区域后，都会随周围环境的变化而持续发生形变。因此，在购买板材时一定要注意以下问题，其中有些是可以解决的，有些则难以控制。

原木下锯方法：1.传统径切材下锯法；2.完全弦切材下锯法；3.带制弦切材下锯法（四面下锯法）；4.毛板下锯法；5.三面下锯法；6.带制径切材下锯法；7.完全径切材下锯法。

锯木工人要能读懂每根原木，并依据经济性和所得板材的外观选择下锯法。有时，需要考量所得板材的宽度和无节状况以决定每根原木在锯切过程中是否需要翻转。

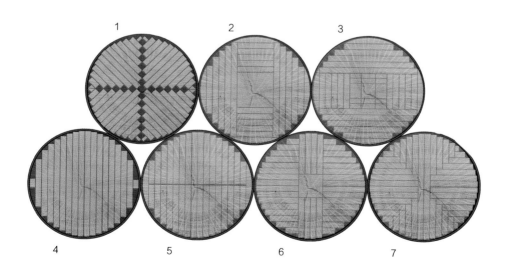

1　　2　　3

4　　5　　6　　7

瓦形形变

毛板下锯法得到的板材在干燥时经常会产生与年轮曲线相反方向的弯曲，原因在于板材两个大面沿宽度方向的干缩率不同。在潮湿的环境下，板材能够恢复平整。

扭曲和弓弯

当板材锯切不当、干燥时堆垛不当或者包含螺旋纹理或交错纹理时，它们可能会沿其长度方向扭曲和弓弯。弓弯通常是储存时堆垛不当造成的。

开裂

如果板材表面干燥过快，则会产生小裂缝，这同样是造成板材端面开裂的原因。这类开裂很常见且难以预防。还有一些裂纹和缺陷出现在树木生长过程中，无法避免。

内裂

这种裂缝发生在树干内部，通常有一个主裂缝，从髓心向外延伸，也可能出现其他的分支裂缝。

木材常见缺陷

木匠都偏爱直纹木板，这种板材被称为净面板，即板材没有节子和其他缺陷影响板材的利用、切割和刨削。在准备板材时，没有什么比切去一个大节而后拼接木板更令人心烦的了。

管理良好的森林能生产笔直、健康的树木，其树干几乎没有节子、病害或其他缺陷。当然，也有许多木匠喜欢带有缺陷的板材，认为这种特征可以为作品添色，并且更能反映树木的天然特色。确实，有些缺陷材甚至供不应求，因此只能制作成木皮出售。

树瘤

树皮上的伤口有时会演变成树瘤。树瘤质

不为人知的秘密

锯切和刨光木材时，各种纹理图案和缺陷都会呈现在木材表面。只有在将板面刨光之后，径切板和弦切板的外观特征才会显现出来。

❶图中显示的是玫瑰安尼樟（Aniba duckei）的径切板，乍一看它很像直纹板材，但其弦切面纹理明显不规则。

❷黑色条纹是虎斑楝（Lovoa trichilioides）板材的特征。这种木材通常被称为非洲胡桃木。注意黑色条纹是如何沿径切面延伸并转到弦切面的。

❸二球悬铃木（Platanus acerifolia）径切板表面具有明显的斑驳状银光花纹，然而具有这种图案的树种远不止二球悬铃木。图中的欧洲榆木（Ulmus procera）板材具有相同的花纹。

❹和❺中的木材是小鞋木

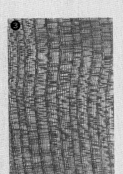
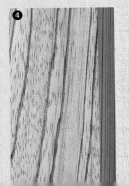

地坚硬，具有螺旋状不规则纹理，受到车工和雕刻师的青睐，常用于制作木皮。交错纹理使得树瘤木材非常难以加工，难以用作家具用材，而且由于瘤疤之间存在裂隙，因此树瘤木材整体并不坚固。

节子

锯材常根据节子的出现频率进行分级：这些节子会削弱板材的强度，并使其难以加工。此外，节子还容易渗出树胶或树脂，通常应使用由虫胶制成的封闭剂进行填封。

病害

一些患病树木的木材可能会产生不同寻常的颜色和纹理图案，其中有些（但不是全部）会破坏木材的强度。例如，菌害的山毛榉木常具有黑色线条，老橡木则会变成深棕色。某些木材会因干燥不充分而产生霉斑，同时还要小心选择干燥木材堆垛用的搁条，以免木材间发生化学反应而污染板面。

具有特殊花纹图案的木材

在某些木材，特别是枫木和悬铃木中，可以找到非同寻常的波纹图案。出人意料的是，这些波纹图案并不会明显地影响这些木材的加工性能。备受赞誉的鸟眼枫木具有微小的颗粒状花纹，看上去像一颗颗小的芽节。

树杈和树根

某些木匠会使用其他木匠通常拒绝使用的木材。例如，枪械师喜欢选用纹理致密且交错的核桃根木作为枪托材料，因为这种材料既美观，又能够承受后坐力。树杈木是大树枝与树干相接部分的木材，可以产生漂亮的火焰纹，通常用于制作橱柜的门板。而造船工人和木屋建造者则会精心挑选一些弯曲的大树枝，用作船用龙骨或屋顶桁架。

豆（*Microberlinia brazzavillensis*），也叫斑马木，其板材很难刨削，图中同一块板材两个不同板面的不同纹理方向可以说明这一点。

❻中的赛鞋木豆木（*Paraberlinia bifoliolata*）的特征之一是其表面细小的不规则色斑。

这种特征很容易与打磨痕迹混淆，它们实际上是纯天然的，但会使花纹图案看起来有些不清晰。

❼不当的干燥会导致木板内部开裂。图为夏栎（*Quercus robur*）板面内部的裂纹。尽管有些木匠将其视为特色，但很难加以利用。

❽橡木径切板上有显著的射线银光花纹，山毛榉板面的射线斑纹则要小得多。图中左侧径切面上的射线斑点略呈菱形，比右侧弦切板面上的斑点略大。注意板材大面的V形图案，通常是弦切板的特征。

对木材加工厂来说，拥有一个空间富余的木材仓库是令人开心的。去木材商店选材可能会令人沮丧，不仅要花很多时间，还不能保证能够获得合适的板材。但自家仓库就不同了，选材具有很大的优势。

保存好木材很有挑战性。保存条件必须满足要求，保证木材随时可以使用且不会退化。了解自己使用的木材品种很重要，特别是对于粗锯板材，它们很难辨认。存放板材的架子必须稳固、安全，且要易于寻找和取用板材。某些特定树种或特定尺寸的边角料，大多数人都不舍得将其丢弃，以防将来会用到。

保存记录

将锯木场的发票或收据保存在文件夹中有助于想起库存的木材种类。因为库存的木材并非都是为制作某件作品购买的，你可能很快就会忘记确切的库存信息。检查已使用的板材，并随时记下其质量以及将来可能的用途。此外，记录每件作品用去的板材数量也是一个好习惯，因为这有助于提高你制订准确的切割清单和备料清单的能力。

存储木材的条件

想要建立木材仓库的人都需要了解各种存储方案。例如，仍处于自然风干状态的板材可以用板条隔开堆叠在一起，存放在室外通风良好，且能防止雨淋和阳光直射的地方。对于已经气干且一段时间内不太可能使用的板材，也可以如此存放。堆垛上有一个倾斜的罩子效果更好。此外，每6个月左右使用湿度计检测板材的含水率，以确保板材没有受潮。

窑干的板材运到工房时通常比气干的板材更干燥，若将其留在室外是一种浪费，因为木材含水率可能会升高。如果工房内没有足够的空间，那么车库或简易房是存放此类板材的理想场所。摆放时，要确保沿板材的长度方向每隔18 in（457.2 mm）左右放一个支撑物，以免板材发生弯曲。潮湿的地方，特别是通风不佳

的地方（如地窖），不适合存放板材，因为板材很容易吸湿长霉而变质。此外，若将板材存放于酷热的阁楼中，必须小心板材可能因干燥过快而开裂。

理想情况下，板材需要进行最终的存放处理，以适应作为家具或其他木制品所在房间的温度和湿度。在工房进行数周通风存放后，在刨光前后要检测木材的含水率。如果含水率高于12%，则可能需要在家中进行最后的干燥，尤其是对于那些收缩幅度大、稳定性差的木材。因为树种之间，以及最终的使用环境之间差异巨大，因此很难建立严格统一的标准。这个过程确实需要反复尝试。理想的情况是，车

很少有家庭工房可以提供木材加工厂那样理想的条件来存放板材（上页图）。有的家庭工房会将板材整齐地水平堆叠在特制的木架上（下图），有的家庭工房则会斜靠墙角直立堆放板材（右上图），彼此之间差异巨大！

间的温度和湿度与使用环境的温度和湿度相匹配。这也是为什么室内长期存储的木材会受到众多木匠青睐，用于制作室内家具的原因。

板材的堆垛

最好将板材平放在架子上，并每隔18 in（457.2 mm）左右放一个支撑物，以防止木材沿长度方向弯曲。理想情况下，木板应该用木条或木棒隔开，以保持空气流通，但它们也会在抽取下面的板材时带来不便。

板材的端部用显著颜色的代码或缩写标识板材的类别，最好将相同树种的板材堆放在一起。许多人会将板材堆放在屋檐下，以利用有限的空间。要确保堆垛稳定而牢固，且不要将板材倚靠潮湿的外墙存放。如果操作间不是很干燥，可以用聚乙烯薄膜包裹买来的板材。

保持窑干板材的含水率在工房生产时与将来的家具环境湿度处于同一水平颇具挑战性。防潮是很重要的，提高环境温度也很必要。工厂可能会集中供暖，但是在家庭环境下则只能依靠温和的供暖措施和良好的保温系统。紧挨住宅的车库不失为好的选择，它们通常可以很好地防潮，并且不会太冷。

要经常使用湿度计检测库存板材的含水率，尤其是在即将使用板材前。在冬天，非常干燥、集中供暖的房屋与部分供暖、偶尔使用

的操作间之间的相对湿度差异会很大，常会产生严重的问题。因此，需要格外关注冬天板材的含水率，最好将其降低到8%~9%。如何做到这一点对木匠来说是一个持续的挑战，有些人会在操作间添置一种特殊的调温调湿箱，将即将使用的板材存放其中加快过渡。

存储边角料

没有人愿意在有库存材料可用的情况下，为了找一条12 in（304.8 mm）长的硬木来制作夹具或带锯靠山而苦苦寻觅。对木匠来说，哪怕是丢弃一小块红木边角料都是罪过，但是对于普通的边角料，是保留还是丢弃，有时也很让人为难。在某种程度上，这取决于你要做的产品。木盒制作者会保留任何大小的边角料；而椅子的制作者只会保留达到横撑等部件长度的边角料。

认识到什么样的边角料值得保留需要经验的积累。如果你正在小批量生产某件产品，你很快就会知道，只有特定尺寸的边角料才值得保留。当然，大量相同尺寸或形状的边角料可以激发你设计新产品的灵感。有想法的木匠喜欢用各种边角料来满足他们不断变化的设计需求。边角料同样需要小心存放，否则很快就会面目全非。架子是不错的选择，且最好采用垂直隔板创建一些小隔间，然后根据大小或种类

大多数木匠不会随意扔掉边角料（左图），尤其是珍稀木材的边角料。

存放边角料。切记，你只需要一定数量的有用的边角料，千万不要在每个角落堆满可能永远用不到的木头而浪费宝贵的操作空间。标记端面并放置木材的方法很管用，因为可以根据端面判断木材的种类。可以将边角料按针叶材和阔叶材分区存放，或者按照纹理类型或材色分组存放。

将板材整齐地堆放并置于通风良好的地方。用少许乳胶漆在木板端面做标记（上图），以不同的颜色表示不同的树种。这是一个好方法。

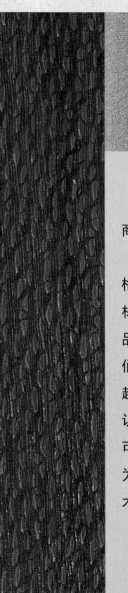

　　各种木材均以中文名+拉丁学名和商品名+英文名的形式标注在最上边。

　　在世界各地，从西非到美国新英格兰，木匠们多选用当地出产的木材，创作出具有独特地理印记的木制品。锯木场提供各种规格的板材，它们往往大同小异。还有一些树种则跨越了海洋和国界，在世界范围内得到认可并广泛使用。本部分介绍的树种可能在某些国家更容易获得，但是作为一个整体，它们代表了世界上经典木材的集合，是木匠都渴望得到的。

虽然这本书不能涵盖世界上所有的木材品种，但它基本囊括了对木匠来说最有价值的木材。有些木材容易获得，有些木材则很漂亮，值得寻找。

重要木材部分包含常见的具有广泛适用性或商业价值的木材品种。在这部分，你会发现一些漂亮的木材，其中有些珍贵而稀有，被认为是木中珍宝。

非常用木材部分包括一些不太常见，但仍然值得介绍的木材品种。这些木材大多供应有限，有些几乎没有商业价值，还有一些是对大多数木匠来说可有可无或者毫无吸引力的。

特殊木材部分则介绍了那些因病害、天然缺陷、不正常纹理或特殊加工方法能产生美丽视觉效果的木材品种。为了方便读者查看这些特殊的木材产品，这部分特意把商品名称放在最上面，而将其来源树种列于下方。

从第35页开始，是按照木材的名称和板面视觉效果编排的索引。可以在这里浏览想要的木材，然后翻阅到详情页获得每个树种的详细信息。

此外，本书的第一部分有些名称后未标注拉丁文学名，是因为这些名称不是具体的某个树种。在此提醒读者注意。

条目如何运作

每种木材均通过一系列子标题进行描述，这些子标题为计划购买和使用相应树种木材进行加工的人提供了必要的信息。许多标题是一目了然的，有些则需要稍加解释。注意，对于较少使用的木材树种，本书对其信息进行了必要的删减。

❶学名和商用名

为了避免混乱，树种按照其拉丁学名的字母顺序排列，因为有些不同的树种具有相同或相似的木材商用名称。很多供应商并不知道他们的木材到底属于何种树种，因为有些树种来自同一地区且很难区分。此标题下还列出了树种最常用的商用名。

❷可持续发展标志

树形的符号表示该树种的生存状况。白色表示该树种的木材使用没有问题；半白色表明

应关注其来源，查验该树种是否合法采伐和可持续管理；黑色表示IUCN和CITES等组织已将该树种列为易危、濒危或极危等不同等级。这只是一个粗略的指南，更多细节请参阅第34页条目9"可持续性"，并且两者随时可能变化。

❸优缺点概览

快速评估木材的主要品质和缺陷。

❹说明

来自作者的概述，将特色木材与其他木材进行的比较。

❺重要特征

类型。标识为针叶材或阔叶材，同时给出了树木生长在热带还是温带地区的信息。

其他名称。为了帮助识别，该条目列出了通常用于描述特定木材的全部名称，包括植物学同种异名以及相关的通用名称。

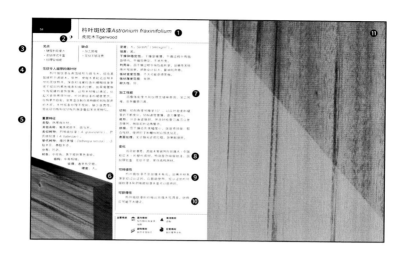

相关或类似树种。相关树种大多数是本书中未列出的树种，但可以在木材场或其他参考资料中找到。木材的相关树种可能很多，本书只列出了密切相关的树种。在某些情况下，相似树种是指容易与某树种混淆的树种，但实际上二者可能毫无关系。

替代树种。介绍了具有相似特性的可替代树种。

分布。涉及树种广泛生长或分布的地区，而不是它们可能生长的地方。

材色。不同板材的颜色差异巨大，所以对颜色的描述都是笼统的。但在识别树种时，颜色是首要的特征。

结构。木材可以是粗纹理的，如橡木，具有粗大的管孔；也可以是细纹理的，这样的板材表面会很光滑。无论粗纹理还是细纹理，整块板材的纹理以均匀为佳。质地不均匀通常是早材和晚材的密度或质地差异显著造成的。粗纹理也被称为开放纹理，细纹理也被称为紧密纹理。

纹理。反映木材的纹理状态，直纹、波浪状，还是交错纹等。直纹木材最易加工，最有趣的通常是波浪纹木材。交错纹理通常不易察觉，只有在加工时才能发现。

硬度、密度和强度。描述了木材的基本特性，但要注意，即使是同一树种的板材，这三个特性也会因来源不同而差异巨大，具体差异取决于木材的干燥方式和树木的生长环境。

干燥和稳定性。介绍木材干燥的难易程度和速度，以及木材干燥后的变形程度，后者是很多木匠感兴趣的特性。

利用率。制作木工作品需要购买的木材数量取决于每块板材预期的利用率。如果购买经过刨光处理的板材，损耗应该相对较低，但有些树种更容易受到缺陷和颜色变化的影响，从而影响板材的利用率。

板材宽度和厚度的范围。常见的针叶材和阔叶材板材通常具有各种标准规格的宽度和厚度。而一些树形较小的树种则只能生产小尺寸的板材。对于进口树种，其规格会因供应量的限制更加有限。板材的宽度和厚度规格受限时可能会影响利用率。这在木材价格昂贵时是个问题。

耐久性。 不同树种的木材耐久性（对昆虫和腐蚀的抵抗能力）差异很大。对大多数只从事室内家具制作的木匠来说，这并不是他们选择木材的关键因素。但如果制作户外用品，则要选用天然耐久性好的树种。

有些阔叶材需要进行防腐处理，但只限于对其边材的处理，因此只能针对圆木或树枝使用。很少有对阔叶材的心材进行防腐处理的。有重点标记的木材是不耐久的树种，可以考虑进行防腐处理。易于进行防腐处理的针叶材也被标记出来。

❻页角的照片

实物展示板材的颜色和端面纹理细节。

❼加工性能

对于尝试新品种木材的木匠，木材的加工性能是最重要的参考因素。具有交叉纹理的板材难以进行刨平或铣削，而其他板材则更适合塑形。胶合、钉钉或握钉能力等性能对拼接、组装有重要影响。此外，表面加工性能（打磨、上漆、抛光等）对于板面能获得何种光泽度也有重要影响。

❽变化

原木的不同锯切方式得到的板材会因纹理图案以及固有缺陷呈现不同的外观特征。

❾可持续性

这里指的是该木材树种是否濒危，是否应查验木材来源的合法性。信息基于CITES附录和IUCN濒危物种红色名录，以及其他与濒危物种有关的信息。如果可能，还会提供经认证的木材供应方式。木材的可持续性和认证状态会不断变化，应始终关注最新信息。

❿可获得性

这取决于供应量，而供应量常常会有波动，因而此信息是笼统的，使用了诸如"广泛可用"或"相对昂贵"之类的术语。

⓫板材照片

为了展示纹理图案，照片显示的是板材的实际尺寸。照片中样品的一半经过了打磨但未进行表面处理，另一半则用油进行了表面处理，以呈现清晰的纹理。

主要用途

这里给出了木材最常见的用途，既可以为木匠提供一些启示，也反映了该木材在行业内或作为特殊用材的重要性。

 户外用材 制作户外地板、栅栏

 日常用材 制作包装箱、工具手柄和器皿

 技术用材 制作夹具、印章

 装饰用材 用于木旋、雕刻和制作木皮

 建筑用材 用于一般建筑和木屋

 室内用材 制作地板、橱柜等家具

 海洋用材 造船，建造海岸工程等

 细木工材 用于室内装修和细木工

 奢侈品与休闲用材 制作运动器材、乐器等

第7章 重要木材

本部分包含世界范围内最常用的商用材。每种木材的名称均以中文名+拉丁学名和商品名+英文名的形式标注在最上边。

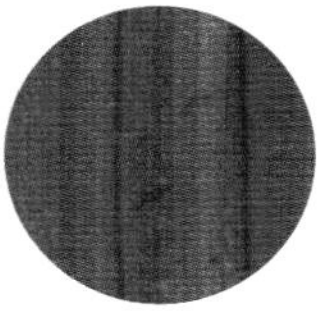
夏威夷相思木第40页

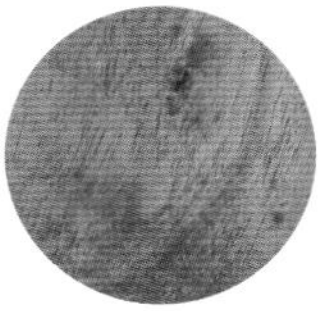
黑相思木第41页

欧亚槭第42页

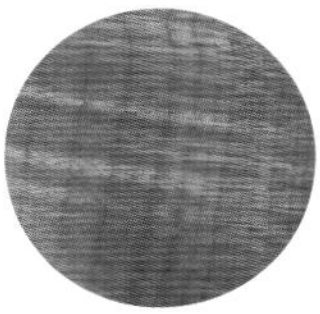
红花槭第44页

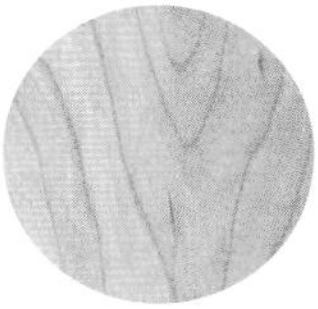
糖槭第46页

安哥拉缅茄第48页

欧洲桤木第49页

红桤木第50页

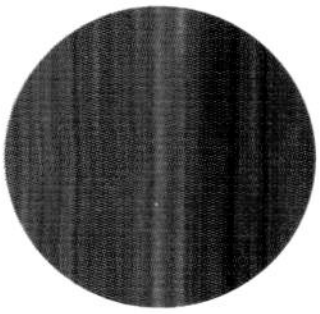
雌玫瑰安尼樟第52页

华丽阿林山榄第53页

狭叶南洋杉第54页

太平洋乔杜鹃木第56页

红盾籽木第57页

柃叶斑纹漆第58页

假檫木第60页

奥克榄第61页

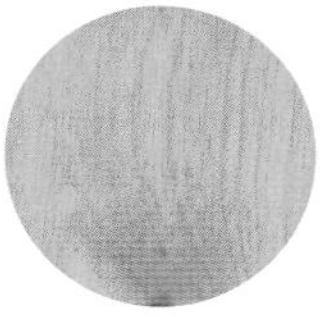
黄桦第62页

垂枝桦第64页

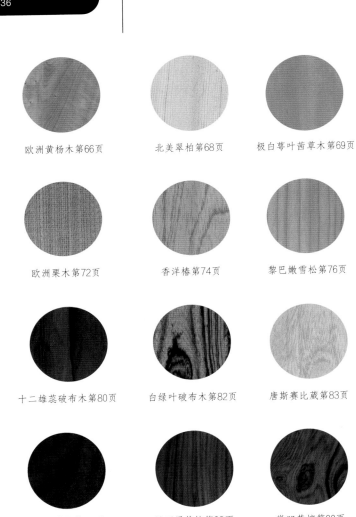

欧洲黄杨木第66页　　北美翠柏第68页　　极白萼叶茜草木第69页　　光滑山核桃第70页

欧洲栗木第72页　　香洋椿第74页　　黎巴嫩雪松第76页　　大绿柄桑第78页

十二雄蕊破布木第80页　　白绿叶破布木第82页　　唐斯赛比葳第83页　　赛州黄檀第84页

阔叶黄檀第86页　　巴西黑黄檀第88页　　微凹黄檀第90页　　伯利兹黄檀第92页

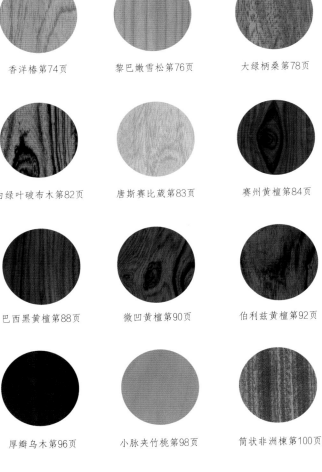

苏拉威西乌木第94页　　厚瓣乌木第96页　　小脉夹竹桃第98页　　筒状非洲楝第100页

边缘桉第102页

良木芸香第104页

北美水青冈第106页

欧洲水青冈第108页

美洲白蜡木第110页

欧洲白蜡木第112页

棉籽木第114页

愈疮木第116页

德米古夷苏木第118页

美国冬青第120页

白核桃木第121页

黑核桃木第122页

核桃木第124页

新西兰茶树第126页

毒豆木第127页

欧洲落叶松第128页

粗皮落叶松第129页

北美鹅掌楸第130页

虎斑楝第132页

大花木兰第134页

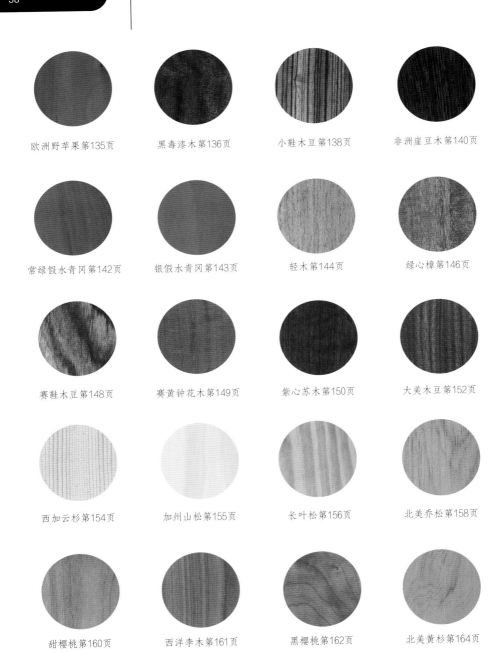

欧洲野苹果第135页　　黑毒漆木第136页　　小鞋木豆第138页　　非洲崖豆木第140页

常绿假水青冈第142页　　银假水青冈第143页　　轻木第144页　　绿心樟第146页

赛鞋木豆第148页　　赛黄钟花木第149页　　紫心苏木第150页　　大美木豆第152页

西加云杉第154页　　加州山松第155页　　长叶松第156页　　北美乔松第158页

甜樱桃第160页　　西洋李木第161页　　黑樱桃第162页　　北美黄杉第164页

非洲紫檀第166页

西洋梨木第168页

美国白栎第170页

夏栎第172页

北美红栎第174页

北美红杉第176页

萨尔瓦多美染木第177页

大叶桃花心木第178页

欧洲红豆杉第180页

短叶红豆杉第182页

柚木第184页

科特迪瓦榄仁第186页

艳丽榄仁第187页

红崖柏第188页

美洲椴第190页

欧洲椴第192页

异叶铁杉第194页

美国榆第196页

荷兰榆第198页

红榆第200页

夏威夷相思木*Acacia koa*

寇阿相思木Koa

优点
- 可替代柚木
- 稳定且强度大

缺点
- 纹理略有交错
- 价格昂贵

来自夏威夷群岛的装饰性阔叶材

夏威夷相思木密度中等但强度很高，具有很好的冲击韧性。木材稳定性好，整体较易加工，但因纹理略有交错，端面加工有些困难。夏威夷相思木多用于制造乐器（尤其是当地的特色乐器尤克里里琴）和高档家具。在材色、质地和纹理方面，它与柚木有些相似。

重要特征

类型： 热带阔叶材。

其他名称： 夏威夷桃花心木。

类似树种： 矮寇阿（*Acacia koaia*），一种多节小乔木，已被列为易危树种，数量很少。

分布： 夏威夷群岛。

材色： 乳白色或棕色，具有明亮的浅褐色或金黄色贯穿条带，并夹杂有红色、棕色或黑色等深色细线。

结构： 中等粗细且均匀。

纹理： 直纹或波浪纹，存在交错。

硬度： 大，高光泽。

密度： 中等偏上，41 lb/ft^3（656 kg/m^3）。

可持续性和可获得性

广义的夏威夷相思木通常包括矮寇阿，后者已被列为易危树种，应避免使用或仔细查验其来源。

主要用途　**室内用材**
制作高档家具

奢侈品与休闲用材
制作乐器

细木工材
用于高档室内装修

黑相思木*Acacia melanoxylon*

🌳 黑木Blackwood

优点
- 可替代桃花心木
- 常具漂亮花纹

缺点
- 加工困难
- 有时胶合困难

纹理多变且类似桃花心木的木材

不易加工。纹理扭曲或交错，常有意想不到的装饰效果。具有类似大叶桃花心木的材色，但纹理和色调更为多变，据说有的还具有琴背花纹。胶合不易，最好提前做胶合测试；切削困难，需要减小切削角度；抛光效果好。

重要特征

类型： 温带阔叶材。

其他名称： 塔斯马尼亚黑木、澳大利亚黑木、黑木相思木。

类似树种： 黑荆（*Acacia mearnsii*）。

分布： 澳大利亚。

材色： 红棕色，带有较浅的金色条纹和黑褐色条纹。

结构： 中等粗细。

纹理： 部分直纹，兼有波浪纹或交错纹理。

硬度： 中等。

密度： 中等偏上，41 lb/ft^3（656 kg/m^3）。

可持续性和可获得性

黑相思木不属于濒危树种。注意，不要将其与东非黑黄檀（*Dalbergia melanoxylon*）混淆，后者已被列为濒危树种。可以从进口木材供应商处购买，其价格略高于桃花心木。

主要用途

 室内用材
制作高档家具

 奢侈品与休闲用材
制作枪托

 细木工材
用于商店内部装饰和室内装修

 装饰用材
制作木旋制品

欧亚槭 *Acer pseudoplatanus*
梧桐枫 Planetree maple

优点
- 价格不高
- 质地细腻均匀
- 纹理细密

缺点
- 色彩和纹理单调
- 木材较其他浅色材更软

不易区分的软枫

除了材质较软、晚材线不太明显，欧亚槭的性能非常类似于同属的糖槭。欧亚槭非常适合制作家具、室内装饰和木旋制品。在某些径切板的大面或侧边常有微妙的、闪闪发光的花纹图案。这种图案并不连贯，且只有当纹理处于特定角度时才能看到。

重要特征

类型： 温带阔叶材。

其他名称： 欧洲槭、假挪威槭。

替代树种： 白核桃（ *Juglans cinerea* ）、北美鹅掌楸（ *Liriodendron tulipifera* ）、一球悬铃木（ *Platanus occidentalis* ）。

分布： 欧洲和西亚。

材色： 乳白色。

结构： 细而均匀。

纹理： 直纹或波浪纹。

硬度： 中等。

密度： 中等，38 lb/ft^3（608 kg/m^3）。

强度： 弯曲性好，但强度一般。

干燥和稳定性： 干燥缓慢时可能产生粉棕色变色；稳定性中等。

利用率： 高，因为边材和缺陷较少，但有时会出现变色。

板材宽度范围： 全尺寸供应。

板材厚度范围： 全尺寸供应。

耐久性： 差，易遭受虫害和腐蚀。

加工性能

由于欧亚槭木材缺少糖槭的硬度和独特花纹，因而在家具制造行业并不常用。但其加工性能很好，无论机械加工还是手工作业均很容易，尤其适合制作木旋制品。木材质地细腻，表面处理效果好。

切削： 除非遇到扭曲纹，不易撕裂和碎裂。钝化的工具容易灼烧木材表面。

成形： 应选择锋利的刀具，并避免灼烧木材表面。

拼接： 容易，胶合性能好。注意不要用力过大留下压痕。

表面处理： 虽达不到糖槭的高光效果，但仍较光亮，染色和上漆效果好。

变化

具有波浪纹、琴背花纹的木材常被用来制作木皮，有些木材经过染色后也用于高档细木工、橱柜制作和室内装饰。具有银光花纹的木皮很受欢迎。

可持续性

没有管控限制，经过认证和未经认证的木材均可使用。

可获得性

虽然在欧洲分布广泛，但使用并不普遍，可以从一些专业木材供应商处获得。欧亚槭不是主要的商用木材，但是一种较便宜的阔叶材。

主要用途

 室内用材
制作家具和地板

 细木工材
用于细木工和室内装修

 装饰用材
制作橱柜木皮、木旋制品

 日常用材
制作厨房用具

红花槭 *Acer rubrum*

红枫 Red maple

优点

- 纹理漂亮
- 价格不高，供应稳定
- 易加工
- 色泽美观

缺点

- 可能有小木节或其他缺陷
- 干燥时可能会产生蓝变

优质阔叶材

人们很容易被名字误导，认为红花槭就是红色的或较软的枫木，从而一味地偏爱糖槭木或硬枫木。实际上，软枫木只是比硬枫木稍软一点，而且它具有更好的色泽和更漂亮的纹理图案。红花槭常被称为红枫，是因为其树叶的颜色。

重要特征

类型：温带阔叶材。

其他名称：软枫、湿枫、水枫。

类似树种：银槭（*A. saccharinum*）、大叶槭（*A. macrophyllum*）。

替代树种：红榆（*Ulmus rubra*）。

分布：北美洲东海岸。

材色：淡棕色或米黄色，略带粉红色或灰色。

结构：细而均匀。

纹理：直纹，兼有少许波浪纹，整体连贯一致。

硬度：中等。

密度：中等，39 lb/ft^3（624 kg/m^3）。

强度：中等，弯曲性好。

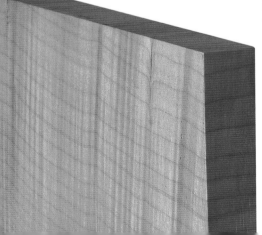

干燥和稳定性：易干燥，但宜缓慢干燥。干燥后不易形变。

利用率：干燥时可能出现蓝变，存在一些小木节或其他缺陷。总体利用率较高。

板材宽度范围：全尺寸供应。

板材厚度范围：全尺寸供应。

耐久性：差。

加工性能

由于质地稍软，红花槭比糖槭更易加工，但红花槭的硬度仍足以满足大多数木制品的用材需要。

切削：由于纹理结构细而均匀，非常容易刨削光滑。

成形：使用锋利刀具易于加工。

拼接：胶合时要小心，最好先进行测试。握钉性能好，不会裂开，但要小心操作。

表面处理：虽光泽不及糖槭，但质地足够细腻，无须填充，总体来说表面处理效果很好。

变化

弦切板表面的花纹明显，犹如地图上的等高线。径切板的大面会有径面射线斑纹，侧面有时会产生轻微弯曲的波浪纹，视觉效果多变。

可持续性

不受管控，有大量经过认证的木材供应。

可获得性

供应充足，但不受重视，还常被误认为过软。木材的红色外观效果不错，也易于加工，价格不高，使用起来很经济。

主要用途

 室内用材
制作家具、地板

 细木工材
用于室内装修和制作镶板

 日常用材
制作工具手柄

 奢侈品与休闲用材
制作乐器

糖槭*Acer saccharum*
糖枫Sugar maple

优点
- 坚硬厚重，密度大、强度高
- 花纹显著
- 结构细而均匀

缺点
- 因硬度大，加工有些困难

名副其实的硬枫木

糖槭，硬枫木的代表，因其纹理结构细而均匀和高光泽，成为北美地区家具制造（尤其是橱柜）和室内装修的热门用材。虽然易于磨损刀具，但木材纹理线条清晰，非常适合现代设计风格。此外，木材坚硬厚重、强度高、性能稳定，也是制作地板的理想用材。

重要特征

类型：温带阔叶材。
其他名称：岩枫、硬枫。
替代树种：纸桦（*Betula papyrifera*）、水青冈（*Fagus* spp.）。
分布：北美地区。
材色：边材浅黄褐色，心材略深，心边材具有明显的红棕色分界线。
结构：细而均匀。
纹理：直纹，有时有波浪纹。
硬度：大。
密度：中等，46 lb/ft^3（736 kg/m^3）。
强度：高。

干燥和稳定性：宜缓慢干燥，干燥后形变程度中等。
利用率：高。
板材宽度范围：全尺寸供应。
板材厚度范围：全尺寸供应。
耐久性：户外耐久性差，且易遭受虫害。

加工性能

糖槭材质坚硬厚重，容易磨损刀具，加工有些困难。木材光泽极好，是制作高档家具的绝佳选择。

切削：锯切和刨削效果好，碎屑少，加工面整齐光滑。
成形：铣削边缘清晰，边角完整。
拼接：胶合性好，不易形变。因木材硬而重，制作家具时更适合制作框架。
表面处理：表面光泽上佳。因木材结构细密，涂料不易渗入纹理中，因此最好用抛光剂或清漆做最后的处理。

变化

糖槭木适于制作木皮，特别是具有鸟眼花纹、波浪纹的木材，用其制作的木皮是理想的饰面材料。

可持续性

不受管控限制，可放心使用。

可获得性

经认证的糖槭供应稳定，价格中等。

主要用途			
室内用材 制作家具、地板		**细木工材** 用于室内装修	
装饰用材 制作木旋制品		**日常用材** 制作台面、案板	

安哥拉缅茄*Afzelia quanzensis*

缅茄Afzelia

优点
- 非常稳定
- 典型的桃花心木色

缺点
- 结构粗
- 硬度大，加工时易钝化刀具

正宗桃花心木的替代用材

缅茄是桃花心木的众多替代木材之一，也是许多相关树种的统称。缅茄木材纹理结构较粗，质地坚硬，常具交错纹理，因而加工困难，易磨损刀具。而且缅茄木材管槽粗大，无法通过打磨改善表面状况，需填充后才能获得光滑的表面。木材没有显著的花纹，但其强度高，材色美观，与桃花心木（*Swietenia mahagoni*）和大叶桃花心木（*Swietenia macrophylla*）非常相似。

重要特征

类型： 热带阔叶材。

其他名称： 东非缅茄、罗得西亚红木、豆荚桃花心木。

相关树种： 喀麦隆缅茄（*Afzelia bipindensis*）、厚叶缅茄（*Afzelia pachyloba*）、非洲缅茄（*Afzelia africana*）。

分布： 撒哈拉以南非洲。

材色： 心材红棕色，与边材色差明显。

结构： 粗而均匀。

纹理： 直纹，也有交错纹理。

硬度： 中等。

密度： 大，51 lb/ft^3（816 kg/m^3）。

可持续性和可获得性

虽然安哥拉缅茄尚未被列入濒危物种名录，但相关树种被视为易灭绝物种，也很难确定具体的树种。缅茄木材的供应量不大，但也不会太贵。有报告称有可持续的资源供应，但并没有证据表明有经过认证的资源。

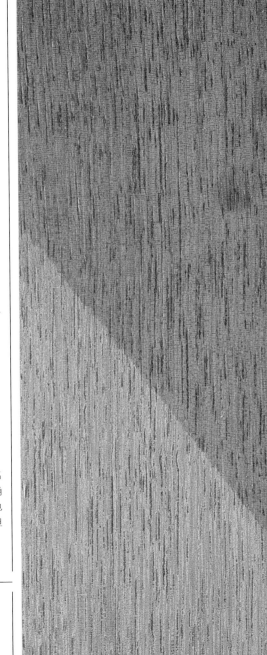

主要用途 **室内用材**
制作家具

 细木工材
用于室内装修、细木工

欧洲桤木*Alnus glutinosa*

赤杨Common alder

优点

- 稳定性好
- 纹理通直
- 经济实惠

缺点

- 存在少许缺陷
- 纤维组织丰富
- 只有小尺寸规格

一种粉红色的木材

虽然欧洲桤木用途广泛，且适于大规模家具生产和细木工，但在专业家具制造商和木工爱好者眼中并不受欢迎。这种木材易于干燥，稳定性好，强度适中，容易加工，但它的纤维粗大，需用锋利的刀具加工才能获得整齐的轮廓和边角。该木材染色和上漆的效果好，但光泽不是很亮。非常适合木旋，常用作日常用材。因欧洲桤木不会长得很大，所以板材宽度有限，并易出现瓦形形变。

重要特征

类型：温带阔叶材。
其他名称：黑桤木、灰桤木。
类似树种：灰赤杨（*Alnus incana*）。
分布：欧洲、北非和日本。
材色：淡粉色或奶油色，有时近白色或浅红棕色。
结构：细而均匀。
纹理：直纹。
硬度：中等。
密度：中等，33 lb/m^3（528 kg/m^3）。

可持续性和可获得性

欧洲桤木的供应量不大，价格也不高，不受管控限制。

主要用途 **日常用材**
制作工具手柄、日用器具

 细木工材
用于室内装修和商店内部装饰

 奢侈品与休闲用材
制作玩具

红桤木 *Alnus rubra*

赤杨 Red alder

优点
- 供应量大，价格实惠
- 稳定性好
- 易于加工，用途广泛

缺点
- 平淡，缺乏特色
- 材质较软
- 光泽偏弱

一种用途广泛的木材

在北美，红桤木已成为一种重要的商用木材。其稳定性好、供应量大且价格实惠，常用于制作细木工板的芯板和批量生产实木家具。红桤木因该树种的内皮暴露在空气中会变成橘红色而得名。北美地区有多种桤木，但商用材只有两种，除了红桤木，另一种是白桤木（*Alnus rhombifolia*）。

重要特征

类型：温带阔叶材。

其他名称：橙色桤木、太平洋海岸桤木、西部桤木。

类似树种：海滨桤木（*A. maritima*）、亚利桑那桤木（*A. oblongifolia*）、白桤木、光叶桤木（*A. rugosa*）、细齿桤木（*A. serrulata*）、裂叶桤木（*A. sinuata*）、薄叶桤木（*A.tenuifolia*）。

替代树种：桦木（*Betula* spp.）、山核桃（*Carya* spp.）、水青冈、杨木（*Populus* spp.）。

分布：阿拉斯加至加利福尼亚的太平洋沿岸。

材色：新切材颜色很浅，近白色至浅黄白色，暴露在空气中转深至黄红色或浅红棕色。边材与心材界限不明显。

结构：细而均匀。

纹理：直纹，但不明显。

硬度：小。

密度：小，28 lb/ft^3（448 kg/m^3）。

强度：中等，在密度接近的木材中尚可。

干燥和稳定性：干燥容易而快速，干燥后不易形变。

利用率：高。

板材宽度范围：全尺寸供应。

板材厚度范围：全尺寸供应。

耐久性：户外地面使用耐久性差，在水中尚可。较易遭受虫害。

加工性能

虽然红桤木易于加工且很稳定，但材质较软，需要使用锋利的刀具加工才能获得光滑的表面。由于木材稳定性好，常用作桃花心木或胡桃木木皮贴面的细木工板芯板。据报道，红桤木的粉尘会引起皮肤过敏。

切削：锯切和刨削性能好，但仍需使用锋利的刀具加工，否则会撕裂木纤维。

成形：因为质地软，所以加工后的边角不太整齐，但仍是理想的普通家具和细木工用材。

拼接：胶合性能好，但握钉力不足。

表面处理：染色效果好，常用来仿制其他木材，但光泽度不高。

变化

适合以旋转切割的方式制作木皮。

可持续性

红桤木生长快、分布广，没有濒危风险。有经过认证的木材供应，但认证意义不大。

可获得性

种植普遍，价格实惠。

主要用途 **室内用材**
制作家具

 装饰用材
用于雕刻、木旋和制作细木工板芯板

雌玫瑰安尼樟*Aniba duckei*

玫瑰木Pau rosa

优点
- 材质坚硬，强度高，耐久性好
- 相对易于加工
- 纹理图案美观

缺点
- 有濒危风险
- 供应有限
- 纹理不够连贯一致

粉红色的红木类木材替代用材

　　玫瑰木是世界上许多树种木材的统称（类似于中国的红木），包括巴西黑黄檀、郁金香黄檀（*Dalbergia decipularis*）以及樟科月桂属的一些树种和一种来自莫桑比克的粉红色木材。通过对雌玫瑰安尼樟端面的研究，发现其具有金色、红色、紫色和深棕色等多种色彩。该木材纹理较直，略有扭曲，结构略粗但均匀，材色不均一，极具红木特征，在弦切板的表面可呈现旋涡状花纹，在径切板的表面呈现清晰的宽窄不等的带状条纹。

重要特征

类型： 热带阔叶材。

其他名称： 巴西月桂。

类似树种： 香玫瑰安尼樟（*Aniba rosaeodora*）。

分布： 巴西。

材色： 心边材色差明显。心材材色多样，有金黄色、红色、紫色和深棕色等。

结构： 中等粗细，均匀。

纹理： 直纹，略有扭曲。

硬度： 大。

密度： 大，51 lb/ft^3（816 kg/m^3）。

可持续性和可获得性

　　在一些组织的名录中，雌玫瑰安尼樟已被列为濒危物种。市场上没有经过认证的资源，可能只有一些专业的木材供应商才能提供，价格不是很贵。香玫瑰安尼樟主要用于提取玫瑰木油，在大多数南美国家已被列为濒危物种。

主要用途　 **室内用材**
制作家具、地板

 装饰用材
制作木皮、木旋制品

 日常用材
制作工具手柄

华丽阿林山榄 *Aningeria superba*

🌳 安利格 Aningeria

优点
- 纹理结构均匀
- 易染色
- 常有斑状花纹

缺点
- 平淡，缺乏特色
- 易开裂
- 易磨损刀具

经典家具材的可靠替代用材

　　木材缺乏特色，常用于制造家具，以及染色后仿制胡桃木、樱桃木或橡木等经典木材。华丽阿林山榄的径切板，尤其是带有斑状花纹（俗称虎斑纹）的径切板，较为引人注目，常用于制作桌面或镶板。木材强度中等，易于加工，但也容易磨损刀具、钝化刃口，而且木材易开裂，不适于做弯曲处理。木材易干燥且干燥迅速，干燥后稳定性好，不易形变。

重要特征

类型： 热带阔叶材。

其他名称： 安纳格、有影安丽格。

相关树种： 粗状阿林山榄（*A. robusta*）、阿林山榄（*A. altissima*）。

分布： 热带非洲。

材色： 浅棕色至棕黄色，略带奶油色或粉红色。

结构： 中等偏粗，但很均匀。

纹理： 直纹为主，带有横向于纹理的斑纹或斑点，径切面上可呈现年轮线。

硬度： 中等偏上。

密度： 中等，33 lb/ft^3（528 kg/m^3）。

可持续性和可获得性

　　华丽阿林山榄并不常用，通常作为镶板、家具的贴面木皮材料在世界各地销售。虽然没有经认证的资源，但最权威的濒危物种名录没有将其列入。

主要用途 **细木工材**
用于室内装修、制作一般细木工制品和胶合板

 装饰用材
制作橱柜用木皮

狭叶南洋杉*Araucaria angustifolia*
巴拉那松Paraná pine

优点
- 材色独特
- 纹理细密，易于加工
- 常有光面板材供应
- 利用率高
- 比一般的硬木价格实惠

缺点
- 强度不高
- 比一般的软木价格高
- 随着时间的推移，独特的材色会退化
- 形变幅度大

具有独特材色的针叶材

狭叶南洋杉对于想在木工领域迈出第一步的家庭装修者来说是最具吸引力的木材之一。在针叶材中属于密度较大的存在，易于加工，颜色比普通的松科松木更深。

重要特征

类型：热带针叶材。

其他名称：巴西南洋杉。

替代树种：红盾籽木（*Aspidosperma polyneuron*）、黄桦（*Betula alleghaniensis*）。

分布：巴西、阿根廷、巴拉圭。

材色：典型的蜜蜡色，具深棕色或红色条纹（条纹颜色会因日久而退化）。

结构：细而均匀，可以获得整齐的边角。

纹理：非常细密，年轮不明显，材质均匀，易于加工。

硬度：在针叶材中较大，但易产生撞击痕。

密度：总体中等，但变化很大，在30~40 lb/ft^3（480~640 kg/m^3）。

强度：抗压和抗弯能力中等，冲击韧性较差，制作框架时宜选用较厚的板材。

干燥和稳定性：干燥困难。深色部位可能开裂严重，购买时要仔细检查，还要注意板材是否存在翘曲。

利用率：总体较高，除非遇到开裂的板材。

板材宽度范围：可供应范围较广。

板材厚度范围：可供应范围中等。

耐久性：户外耐久性差，易遭受虫害。经防腐处理后具有较好的耐久性。

加工性能

对于常使用廉价软木的人，狭叶南洋杉有些奢侈。该木材纹理均匀笔直，易于加工，几乎没有撕裂的风险。

切削：切削性好，常有S4S板材供应，但要注意板材的瓦形形变。

成形：无论是手工工具还是机械加工都很容易，边角整齐，且不易磨损刀具。

拼接：容错性好，胶合性能好，易于制作尺寸精准的接合件。

表面处理：适于各种表面处理方式，光泽深邃。要小心碰撞。

可持续性

狭叶南洋杉是热带地区少见的针叶材之一。它曾被列入CITES附录Ⅰ，后被移出，但仍被IUCN列为极度濒危物种。存在非法采伐的风险。

可获得性

作为针叶材市场的高端产品，需要通过特定供应商获得稳定的供应。通常提供的是整边板材，而不是毛边板材，因此比一般的针叶材价格要高，但与硬木相比，价格算是中等。

主要用途　🏠 **室内用材**　　🪚 **细木工材**
室内用材：制作橱柜等普通家具
细木工材：用于细木工及商店内部装修

太平洋乔杜鹃木*Arbutus menziesii*

玛都那木Madrone

优点
- 细腻的纹理图案和色彩
- 纹理结构细而均匀

缺点
- 干燥困难而且稳定性差
- 易磨损刀具

不太常用但很类似于樱桃木的木材

太平洋乔杜鹃是一种常绿阔叶树，生长在北美洲的西北海岸地区，其木材与一种被称为野草莓树的英国果树有些相似，类似梨木和黑樱桃的组合体。木材呈粉红棕色，有时不均匀，纹理通直细密。木材表面处理的效果好，相对易加工。但也有报道称其容易磨损刀具，也较难胶合。木材不易干燥，稳定性也不太好。

重要特征

类型：温带阔叶材。

其他名称：浆果鹃、太平洋玛都那木、草莓树。

相关树种：加那利乔杜鹃（*A. canariensis*）、草莓树（*A. unedo*）、杨梅杜鹃（*A. vulgaris*）。

分布：北美洲西北部。

材色：粉红棕色，带浅色条纹。

结构：细而均匀，质地非常光滑。

纹理：直纹为主。

硬度：中等。

密度：中等偏上，48 lb/ft^3（768 kg/m^3）。

可持续性和可获得性

太平洋乔杜鹃木未被列入濒危物种名录。但有报道说，IUCN认为其相关树种加那利乔杜鹃（英文商品名也称玛都那木）已经处于易危状态。

主要用途 **室内用材**
制作家具

 装饰用材
用于木旋、镶嵌和制作木皮

 奢侈品与休闲用材
制作乐器

红盾籽木 *Aspidosperma polyneuron*

玫瑰红盾籽木 Peroba rosa

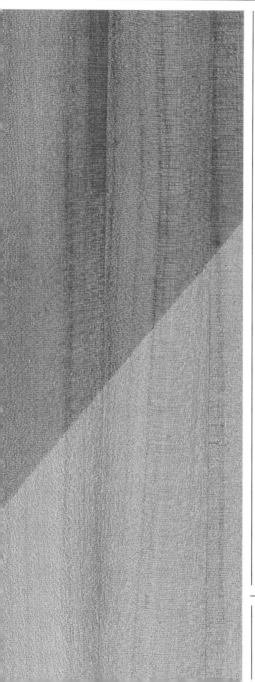

优点
- 色彩鲜明
- 纹理结构细而均匀，质地光滑
- 直纹为主

缺点
- 质地较脆弱
- 深色条纹可能影响美观

色彩鲜明的阔叶材

　　同许多热带阔叶材一样，直纹的红盾籽木使用起来令人愉悦，但碰到交错纹理时，则让人很头痛。大多情况下，红盾籽木易于加工，其木材质地细密光滑，不易撕裂。木材具有独特的橙色和非常柔和的光泽，在巴西多用于建筑行业，在其他地区日益受到欢迎，多用于家具制作和室内装修。板材内部的深色条纹通常难以避免。干燥过程中有中等形变，干燥后稳定性中等。

重要特征

类型：热带阔叶材。

其他名称：多脉白坚木、盾籽木、粉盾籽木、帕罗玫瑰木、帕拉芸香木。

相关树种：束花盾籽木（*A. desmanthum*）、南方盾籽木（*A. australe*）。

分布：巴西及其他南美国家。

材色：淡红色或橙色，具不规则深色条纹。

结构：细而均匀。

纹理：直纹为主，兼有少量交错纹或波浪纹。

硬度：中等偏上。

密度：中等偏上，47 lb/ft^3（752 kg/m^3）。

可持续性和可获得性

　　红盾籽木在巴西使用普遍，现今在其他地方也能以中等价格买到。该树种已被IUCN列入易危物种名单，但仍有经过认证的木材资源，应尽可能地使用经认证的木材。

主要用途

 室内用材
制作家具、地板

 细木工材
用于一般细木工、室内装修

 装饰用材
制作木旋制品、木皮

枰叶斑纹漆Astronium fraxinifolium
虎斑木Tigerwood

优点
- 硬度和密度大
- 花纹样式丰富
- 纹理较细密

缺点
- 加工困难
- 花纹不够连贯

花纹令人遐想的阔叶材

枰叶斑纹漆在英国被称为斑马木，但在美国被称为虎斑木，显然，虎斑木更贴近这种木材的花纹特点。深色和浅蜜棕色的模糊线条常被不规则的黑色线条和斑点打断。如果需要制作有规律的装饰效果，这种木材难以满足。比起大多热带阔叶材，枰叶斑纹漆的硬度更大、结构更为致密，非常适合制作高档橱柜和贴面用的木皮。木材板面纹理不规则，缺少连贯性，因此径切板和弦切板的侧面看起来非常相似。

重要特征

类型： 热带阔叶材。
其他名称： 南美虎斑木、斑马木。
类似树种： 烈味斑纹漆（*A. graveolens*）、巴氏斑纹漆（*A. balansae*）。
替代树种： 微凹黄檀（*Dalbergia retusa*）、小鞋木豆、赛鞋木豆。
分布： 巴西。
材色： 中棕色，具不规则黑色条纹。
结构： 中等粗细。
纹理： 通常有交错。
硬度： 大。

密度： 大，59 lb/ft^3（944 kg/m^3）。
强度： 高。
干燥和稳定性： 干燥宜缓慢，干燥过程中有扭曲倾向，干燥后稳定，不易形变。
利用率： 因干燥过程中有扭曲形变，如果寻求特殊外观效果，损耗会比较大，影响利用率。
板材宽度范围： 不太可能获得宽板。
板材厚度范围： 有限。
耐久性： 好。

加工性能

因整体密度大和纹理交错等原因，加工困难，容易磨损刀具。

切削： 切削角度可降至15°，以应对密度和硬度的不断变化。切削速度要慢，进刀量要小。
成形： 分步渐进铣削，并及时检查刀具刃口是否锋利。刨削后的边角整齐。
拼接： 因干燥后形变幅度小，很容易拼装；胶合性好。使用钉子和螺丝时应预先钻孔。
表面处理： 无论抛光还是打蜡，效果都很好。

变化

因花纹漂亮，虎斑木常被用作玫瑰木（中国称红木）的替代用材，特别是烈味斑纹漆，因纹理较直、花纹不显，常作高档用材。

可持续性

枰叶斑纹漆不及玫瑰木有名。如果木材来源是经过认证的，应鼓励使用。经认证的枰叶斑纹漆木和烈味斑纹漆木是可以使用的。

可获得性

枰叶斑纹漆的价格比玫瑰木低得多，但供应可能不太稳定。

主要用途			
室内用材 制作橱柜等家具、地板		**海洋用材** 造船	
装饰用材 制作木旋制品		**日常用材** 制作餐具手柄	

假檫木*Atherosperma moschatum*
塔斯马尼亚檫木Tasmanian sassafras

优点
- 适用性广
- 易加工
- 可以发生有趣的黑变

缺点
- 纹理单调
- 易与某些树种混淆

适用性广的阔叶材

假檫木是澳大利亚最常见的木材之一，广泛用于制作家具、室内装修和木旋。檫木这个术语容易引起混淆，很多互不相关的树种均使用这个名称，包括美国檫木（*Sassafras albidum*）。真正与假檫木性能、特征及用途类似的木材是桦树属和桤木属的木材。假檫木比那些北美木材的硬度和密度更大，易于加工和表面处理，不易形变。木材呈浅棕黄色或灰色，受腐朽菌感染则会变成黑色。有人为了营造这种黑变效果，会故意损伤树木，以获得这种天然染色木材。

重要特征

类型： 温带阔叶材。

其他名称： 澳大利亚檫木、黑檫木、白檫木。

分布： 澳大利亚。

材色： 浅棕黄色至灰色，带有深色条纹或菌染变色。腐朽材会变为黑色。

结构： 很细且均匀，略具纤维性。

纹理： 直纹，不易辨识。

硬度： 中等。

密度： 中等，37 lb/ft^3（592 kg/m^3）。

可持续性和可获得性

假檫木在澳大利亚很常见。没有证据表明该树种处于易危状态，不受管控限制。黑变的假檫木往往比普通假檫木价格更高。

主要用途

 室内用材
制作家具、地板

 细木工材
用于室内装修、一般细木工

 装饰用材
雕刻和制作木旋制品

奥克榄*Aucoumea klaineana*

加蓬桃花心木Gaboon

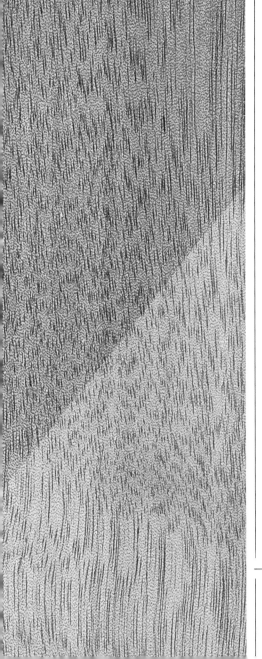

优点
- 价格不高

缺点
- 纹理有交错
- 花纹不显
- 强度低

胶合板用材的桃花心木替代材

奥克榄是制造胶合板的常用木材，也是替代正宗桃花心木（大叶桃花心木）的重要木材品种。常用于仿制古董家具、模型制作、室内装修、细木工以及造船。木材强度不大，耐久性一般，结构中等且均匀，纹理多变；加工难度中等；干燥性能良好，干燥后形变幅度中等。天然分布于中非，特别是加蓬。

重要特征

类型： 热带阔叶材。

分布： 中非地区。

材色： 心材粉红色，有时夹杂浅灰色或白色边材，整体近于桃花心木。

结构： 中等偏粗，但很均匀。

纹理： 纹理多变，同时具有直纹、波浪纹和交错纹。

硬度： 中等。

密度： 小，27 lb/ft^3（432 kg/m^3）。

可持续性和可获得性

奥克榄在欧洲的应用比在美国更广泛。美国主要以香洋椿（*Cedrela odorata*）、巴西海棠木（*Calophyllum braziliensis*）或孪叶苏木（*Hymenaea courbaril*）来替代桃花心木。由于过度开发，奥克榄已被IUCN列为易危树种。

主要用途

 细木工材
制作模型、一般细木工制品和胶合板

室内用材
仿制古董家具

 装饰用材
制作木皮

日常用材
制作细木工芯板和包装箱

黄桦 *Betula alleghaniensis*
加拿大黄桦 Yellow birch

优点
- 使用广泛，价格实惠
- 纹理结构细而均匀
- 纹理细密，易于加工

缺点
- 干燥过程中形变明显
- 耐久性差
- 偶有不规则纹理

使用广泛的最佳桦木

桦树是北美地区存量最丰富的树木之一，种类繁多。黄桦是最常见的，也最适合制作木工制品，广泛用于一些简单制品和胶合板的生产。这种树主要生长在美国东北部和五大湖地区，其木材的独特气味能让所有用过它的人产生共鸣。

重要特征

类型： 温带阔叶材。

其他名称： 灰桦、加拿大桦、硬桦、银桦、沼泽桦、皱纹桦、白桦。

类似树种： 甜桦（*B. enta*）、纸桦、黑桦（*B. nigra*）、杨叶桦（*B. populifolia*）。

替代树种： 北美水青冈（*Fagus grandifolia*）、欧洲水青冈（*F.sylvatica*）。

分布： 北美地区。

材色： 心材浅红棕色，边材略浅。

结构： 细而均匀。

纹理： 直纹。

硬度： 中等。

密度： 中等偏上，44 lb/ft^3（704 kg/m^3）。

强度： 高，弯曲性很好。

干燥和稳定性： 干燥性良好，但宜缓慢；干燥后形变明显。

利用率： 中等，木节和边材较多。

板材宽度范围： 全尺寸供应。

板材厚度范围： 全尺寸供应。

耐久性： 差。易遭受虫害和腐蚀；心材不易做防腐处理。

加工性能

桦木适于一般木制品而不是高档家具，因良好的弯曲性特别适合制作椅子。注意，桦木的粉尘非常细，可能引起皮肤过敏。

切削： 切削时节子周围易撕裂，易磨损刀具。

成形： 边角整齐。

拼接： 胶合效果好，握钉力佳，但钉入钉子时易开裂。

表面处理： 染色效果好，表面处理后可获得极佳的光泽。

变化

黄桦通常用于制作木皮，以旋转切削方式获得的木皮具有独特的花纹图案。

可持续性

黄桦不受管控限制。只有个别的桦木树种被列入易危名单中。

可获得性

使用广泛，价格不贵。

主要用途	室内用材	细木工材
	制作家具	用于室内装修、制作胶合板
	装饰用材	
	制作木皮	

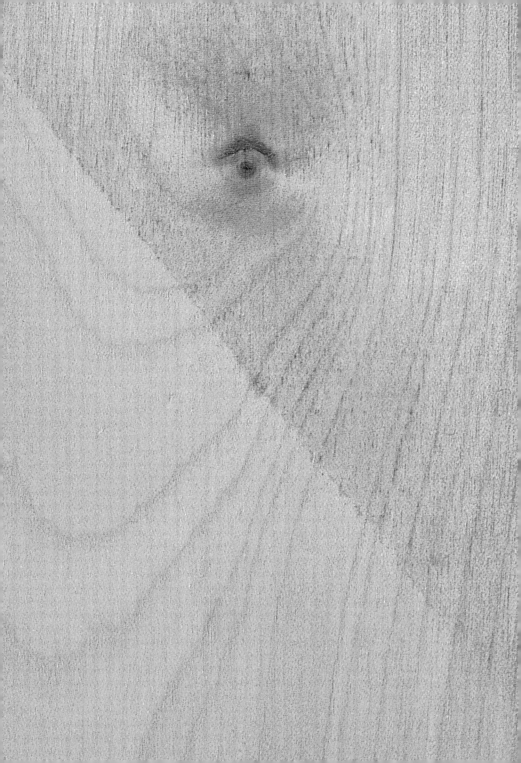

垂枝桦 *Betula pendula*
欧洲白桦 European birch

优点
- 纹理结构细而均匀
- 直纹，易于加工
- 价格实惠，易于干燥

缺点
- 外观缺少特色
- 板材尺寸较小
- 耐久性差

用途广泛的木材

垂枝桦，商用名常称欧洲白桦，用于大批量制作家具和生产胶合板，它不是高档木制品的首选树种。桦树一般直径不大，因此板材宽度通常较窄，木材颜色和纹理也缺少特色，主要用于制作实用木制品，尤其适合制作隐蔽的细木工部件。因弯曲性良好，常用于组装式家具的制作。染色效果也很好。

重要特征

类型：温带阔叶材。

其他名称：垂枝桦还有其他一些名称，如马苏尔桦树、卡累利阿桦树和冰桦树。这些名字也与原产国有关。

相关树种：欧洲桦（*B. pubescens*）、白桦（*B. alba*）和香桦（*B. odorata*），常被作为欧洲白桦销售。

替代树种：北美鹅掌楸，以及其他种类的桦木。

分布：欧洲。

材色：乳白色至很浅的棕黄色。

结构：中等偏细，非常均匀连贯，光泽好。

纹理：直纹。

硬度：中等。

密度：通常中等偏上，变化较大，37~43 lb/ft³（592~688 kg/m³）。

强度：高，弯曲性好。

干燥和稳定性：干燥容易且快速，稍有扭曲。

利用率：中等。

板材宽度范围：因树木直径不大，板材宽度较窄。

板材厚度范围：全尺寸供应。

耐久性：差，易遭受虫害和腐蚀；心材较不易做防腐处理。

加工性能

垂枝桦通常用于制作胶合板，以及以特定切削方式制作的木皮（特别是染色木皮）；木旋加工性好。

切削：易于刨削，使用手工工具和机械切削的效果均很好。

成形：边角整齐。在大批量家具生产中常用于制作弯曲部件。

拼接：胶合效果好，易于钉钉子和拧入螺丝。

表面处理：易染色，表面处理效果好，涂层光亮，但有时不够光滑。

可持续性

不受管控，供应充足，不必强调认证。也要注意被列入易危名单的桦树树种。

可获得性

垂枝桦主要作为胶合板用材而非实木板材使用。木材较便宜。

主要用途	细木工材	室内用材
	制作胶合板和家具隐蔽部件	用于批量家具生产，制作装配式家具和地板

欧洲黄杨木*Buxus sempervirens*

普通黄杨Common boxwood

优点

- 硬度高，韧性好
- 结构细，材质致密
- 温暖的金黄色

缺点

- 供应量有限
- 板材尺寸小
- 有波浪纹，加工时易撕裂

适于制作工具的灌木木材

　　宽度超过6 in（152.4 mm）的欧洲黄杨木板材很少见，也很少用欧洲黄杨木木条制作镶板。木材纹理致密，质地坚硬光滑，不易开裂，常用于制作木皮，而很少用于家具制作。因材质坚韧，深受木旋工匠和工具制造商的喜爱，被广泛用于制作锤头、凿柄，也常用于制作棋子。木材颜色变化较大，纹理常不规则，因而难以加工。

重要特征

类型：温带阔叶材。

其他名称：锦熟黄杨、细叶黄杨。

类似树种：海角黄杨木（*B. macowani*）、棉籽木（*Gossypiospermum praecox*）。

替代树种：小脉夹竹桃（*Dyera costulata*）。

分布：灌木或小乔木，通常野生，遍布欧洲。

材色：黄至浅棕色。

结构：细而均匀。

纹理：直纹或波浪纹，多木节。

硬度：大。

密度：大，56 lb/ft^3（896 kg/m^3）。

强度：高，非常坚韧。

干燥和稳定性：干燥宜缓慢，不平整的状态下端面或表面易开裂。干燥后稳定，不易形变。

利用率：因树木直径很小，且常有缺陷以及边材，利用率低。

板材宽度范围：非常有限。

板材厚度范围：非常有限。

耐久性：虽不常用于室外，但户外耐久性好。室内使用时易遭受虫害。

加工性能

　　木材乳黄色、结构细密，很受雕刻师的喜爱。但只有小尺寸料，难以拼接成大板。

切削：易撕裂，追求平整光滑表面时需要刮削。

成形：因质地坚硬致密，细节呈现好，木节和波浪纹理区域易碎，可能沿长度方向断裂。

拼接：胶合性好，但拼板困难。

表面处理：易染色，抛光效果好，表面非常光亮。

变化

　　木材端面适合雕刻印章；木材亦常用于制作橱柜的内部嵌饰。

可持续性

　　因欧洲黄杨通常作绿篱种植，只有在更新时才会有少量木材产出，因此非常稀有。几乎没有经过认证的木材供应，但也没有采伐风险。有少量黄杨类树种处于易危状态，瓦尔黄杨（*Buxus vahlii*）则为极危物种。

可获得性

　　供应有限，价格较高，只能在一些特殊供应商处找到。

主要用途	日常用材 制作工具手柄	技术用材 制作实验仪器、印章
	装饰用材 制作橱柜装饰件	奢侈品与休闲用材 制作乐器、棋子

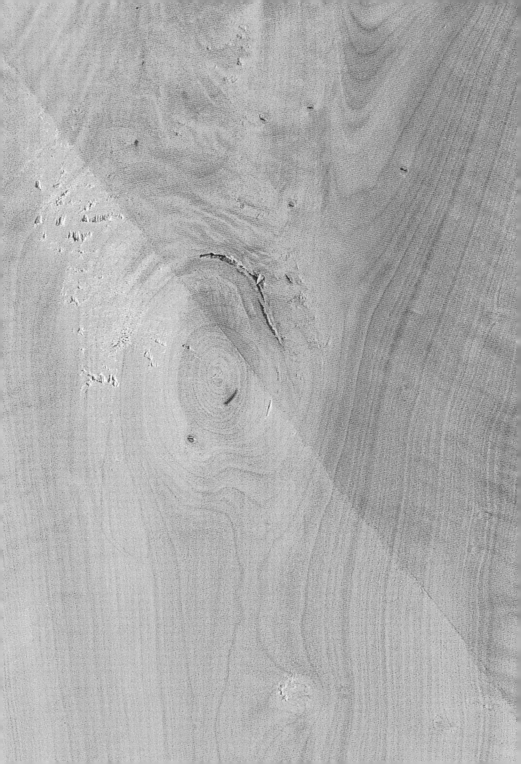

北美翠柏*Calocedrus decurrens*

加州香雪松California incense cedar

优点
- 耐久性好
- 易加工
- 有香气

缺点
- 易腐烂
- 质地软

一种香而耐久的针叶材

北美翠柏木材较软，有香气，耐久性好，纹理直，常用于制作庭院围栏；又因易于切削，是制作铅笔杆的常用材。木材芳香气味宜人，同样深受家具制造商的青睐，用于制作衣柜、抽屉、盒子等。在欧洲，北美翠柏则普遍作为黎巴嫩雪松的替代用材。

重要特征

类型：温带针叶材。
其他名称：北美肖柏、香雪松、香肖楠。
分布：美国西海岸。
材色：浅红棕色或棕黄色，略带红色。
结构：细而均匀。
纹理：直纹。
硬度：小，易腐烂，但耐用性好。
密度：小，26 lb/ft^3（416 kg/m^3）。

可持续性和可获得性

北美翠柏通常生长在混交林中，资源量大，不受管控限制，因而在北美地区广泛使用。

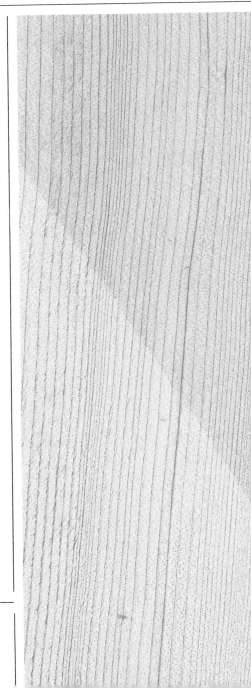

主要用途

 室内用材
制作家具

户外用材
制作电线杆、枕木

 日常用材
制作铅笔杆

 奢侈品与休闲用材
制作玩具

极白萼叶茜草木*Calycophyllum candidissimum*

柠檬木Lemonwood

优点
- 易于加工
- 纹理结构细而均匀

缺点
- 没有明显的花纹
- 耐久性差

一款橄榄色的适于车削雕刻用木材

极白萼叶茜草木，又称柠檬木。木材坚硬厚重，纹理直，虽然没有明显的花纹，但材色比较特别，棕黄色至橄榄色，颇受欢迎。它有点像欧洲黄杨木，只是材色更暗，纹理更直且较为单调，木节和缺陷较少，因而更易加工；也有些像小脉夹竹桃，但更有特点，因此颇受雕刻师的喜爱。木材稳定性好，易干燥，强度高，弯曲性好，但耐久性差。

重要特征

类型： 热带阔叶材。
其他名称： 檬檀。
分布： 中南美洲、古巴。
材色： 心材棕黄色至橄榄色，边材色浅。
结构： 细而均匀。
纹理： 直纹。
硬度： 大。
密度： 大，51 lb/ft^3（816 kg/m^3）。

可持续性和可获得性

未列入濒危物种清单，但使用也不广泛。由于极白萼叶茜草木不是一种知名的木材，价格应该不太贵。

主要用途

 室内用材
制作橱柜

 细木工材
用于室内装修

 日常用材
制作工具手柄

 奢侈品与休闲用材
制作弓臂、台球杆

 装饰用材
用于雕刻和木旋

光滑山核桃Carya glabra

山核桃木Hickory

优点
- 强度高
- 弯曲性好
- 适合制作把手
- 价格实惠

缺点
- 缺少特色
- 干燥过程中易扭曲
- 干后也易形变
- 难于加工

适合制作手柄和运动器材

光滑山核桃木的材性类似于美洲白蜡木（Fraxinus americana）和欧洲白蜡木（F. excelsior），但材色不够均匀，早材带黄色而晚材带粉色，偶尔夹杂深棕色线条。因纹理不规则和结构较粗糙，光滑山核桃木不是首选的高档木材。适合制作鼓槌、鱼竿、滑雪板、工具手柄、马车车身，以及其他需要柔韧性和良好抗震性能的部件或制品。

重要特征

类型： 温带阔叶材。

其他名称： 山胡桃。

类似树种： 柔毛山核桃（C. tomentosa）、条裂山核桃（C. laciniosa）、卵形山核桃（C. ovata）、肉豆蔻山核桃（C. myristiciformis）。

替代树种： 北美水青冈、欧洲白蜡木、美洲白蜡木、白核桃。

分布： 北美东部。

色： 乳白色至粉褐色。

结构： 粗。

纹理： 直纹或波浪纹。

硬度： 大。

密度： 大，51 lb/ft^3（816 kg/m^3）。

强度： 高，抗冲击和弯曲性好。

干燥和稳定性： 干燥快速，但干燥过程中易扭曲，存在小幅收缩；干燥后较稳定。

利用率： 中等。有些光滑山核桃在干燥过程中会开裂和收缩，从而增加损耗。白色边材可利用。

板材宽度范围： 全尺寸供应。

板材厚度范围： 全尺寸供应。

耐久性： 差；地下使用时易遭受虫害，易腐烂。

加工性能

因纹理不规则，板材加工有些困难。结构较粗，操作时必须小心。表面涂饰性好。

切削： 刨削时减小刨削角度有助于减少撕裂。

成形： 成形和开榫效果好，但加工难度较大。粗糙的结构会影响操作精度，甚至卡住铣头。

拼接： 拼接效果好，胶合性好，拼接时可适当增加余量以弥补干缩的影响。不过，光滑山核桃木很少用于制作镶板或家具。

表面处理： 因硬度较大，需用力打磨，可以获得良好的光泽。可通过染色凸显开放纹理。

变化

薄壳山核桃（C. illinoinensis）属于同类木材，但不推荐用作日常用材。

可持续性

没有证据表明光滑山核桃处于易危状态，市场上有经过认证的光滑山核桃木供应。

可获得性

不同种类的山核桃木的供应量和价格存在差异，总的来说，山核桃木的价格在阔叶材中属于中等。板材可以在一些专业供应商处获得。

主要用途			
日常用材 制作工具手柄		**室内用材** 制作地板	
奢侈品与休闲用材 制作鼓槌、运动器材		**装饰用材** 制作木皮	

欧洲栗木 *Castanea sativa*

欧洲栗木 Spanish chestnut

优点

- 价格低于欧洲橡木
- 纹理较直
- 花纹美观

缺点

- 有时具螺旋纹理
- 与铁器接触会变色
- 不易干燥
- 没有径面射线斑纹

一款类似于橡木的阔叶材

欧洲栗木被戏称为穷人的橡木，坚固而耐用。然而，这种木材加工困难，花纹也没有预期的漂亮。很多人更喜欢欧洲七叶树（*Aesculus hippocastanum*）。与之相比，欧洲栗木没有显著的径面射线斑纹，其弦切板面更像欧洲白蜡木。从活树的树皮可以看出，欧洲栗木的纹理为直纹或螺旋纹，没有交错纹理。

重要特征

类型： 温带阔叶材。

其他名称： 欧洲甜栗、欧洲板栗。

类似树种： 美国栗木（*C. dentata*）。

替代树种： 各种橡木、白蜡木（欧洲白蜡木等）、榆木（荷兰榆木、美国榆木等）。

分布： 欧洲及土耳其的亚洲部分。

材色： 心材草黄色至棕色。

结构： 粗。

纹理： 通常直纹，有时具螺旋纹。

硬度： 大。

密度： 中等，但比橡木小得多，为 34 lb/ft^3（544 kg/m^3）。

强度： 中等。

干燥和稳定性： 干燥困难且缓慢，有开裂、碎裂或蜂窝裂倾向；干燥后稳定，不易形变。

利用率： 低，有潜在的开裂、碎裂或其他缺陷。

板材宽度范围： 全尺寸供应。

板材厚度范围： 规格应该足够丰富，具体供应取决于制板厂。

耐久性： 中等；易遭虫害，心材难以做防腐处理。

加工性能

欧洲栗木加工时有些情况需要注意，例如，遇铁会与之反应，被染成黑褐色。纹理通常是直纹，也不存在交错纹理，但螺旋纹会给加工带来不便。

切削： 切削性良好，没有明显的撕裂，不易磨损刀具。

成形： 因硬度足够，所以铣削性好，轮廓清晰，边角整齐。

拼接： 胶合性好，易组装。

表面处理： 抛光效果好，可获得光亮表面。

变化

欧洲栗木虽然可以用来制作木皮，但档次不高，主要用作橡木的替代品。它最常见的用途是制作棺材。

可持续性

欧洲有很多其他硬木树种，欧洲栗种植的主要目的是收获坚果。树木的生长没有受到威胁，因此没有必要必须购买经过认证的欧洲栗木。

可获得性

欧洲栗木的使用并不普遍，作为阔叶材价格也不贵。

主要用途		
室内用材 制作楼梯		**日常用材** 制作小工艺品、棺材、木桶
细木工材 用于室内细木工		

香洋椿 *Cedrela odorata*
西印度雪松 West Indian cedar

优点
- 有芳香气味
- 花纹有特色
- 易加工
- 稳定性好
- 价格不高

缺点
- 面临灭绝危险
- 供应量持续减少

被称为雪松的速生阔叶材

香洋椿也被称为西印度雪松。当然，它不是真正的雪松，只是由于外观和气味与雪松相似才有了这个名字。因为常用来制造雪茄包装盒，也被称为雪茄盒雪松。木材的芳香气味具有驱虫效果，所以是衣柜、抽屉的常用选材。此外，香洋椿木材的纹理和结构与桃花心木类似。虽然过度采伐，但因为香洋椿属于速生树种，维持资源的可持续性应该问题不大。

重要特征
类型： 热带阔叶材。
其他名称： 雪茄盒雪松、南美雪松、西班牙雪松、墨西哥洋椿。
替代树种： 桃花心木（如大叶桃花心木）。
分布： 中南美洲、西印度群岛和美国佛罗里达。
材色： 粉红色至棕色，伴有红色阴影，并具深色晚材线。
结构： 中等粗细且均匀。
纹理： 通常直纹，带有细而深色的晚材线。

硬度： 小。
密度： 中等，30 lb/ft³（480 kg/m³）。
强度： 相比自身密度强度不错，常用于建造赛艇。
干燥和稳定性： 干燥容易且快速，干燥后形变幅度中等。
利用率： 高。
板材宽度范围： 全尺寸供应。
板材厚度范围： 全尺寸供应。
耐久性： 好。

加工性能

各类形式的加工都很容易，其特殊的芳香气味使它特别受欢迎。

切削： 刨削性好，刨面光滑，不会磨损刀具。
成形： 加工后的轮廓和边角整齐，开榫容易。
拼接： 相对于其他阔叶材质地较软，容易产生压痕。握钉力强，胶合性好，拼板后板材不易形变。
表面处理： 染色效果好，表面涂饰性好，可获得光亮的表面。

变化

径切面没什么花纹，也看不到射线斑纹。

可持续性

有经过认证的木材供应。该树种生长能力强，但被列入CITES附录Ⅲ中，并被IUCN列为易危等级。

可获得性

供应量大，价格适中。

主要用途			
室内用材 制作橱柜等家具		**细木工材** 用于室内装修	
海洋用材 造船		**日常用材** 制作雪茄盒	

黎巴嫩雪松 *Cedrus libani*
黎巴嫩雪松 Cedar of Lebanon

优点
- 有芳香气味
- 能驱虫
- 非常稳定
- 有宽板可用

缺点
- 木节较多
- 木材易脆

一款适于加工抽屉的芳香针叶材

黎巴嫩雪松的显著特征是它的芳香气味和驱虫能力，这使其特别适合制作抽屉底板和盒子衬里。黎巴嫩雪松的心材和边材材色均匀一致，晚材线明显，纹理结构均匀。黎巴嫩雪松树木高大，因而有各种厚度的宽板供应。

重要特征

类型：温带针叶材。

其他名称：真雪松。

替代树种：北美红杉（*Sequoia sempervirens*）、红崖柏（*Thuja plicata*）、北美翠柏。

分布：欧洲、中东地区。

材色：浅蜜蜡色，晚材线带粉红色。

结构：均匀，略毛糙。

纹理：通常直纹，局部有轻微弯曲，特别是木节周围。

硬度：中等偏下。

密度：中等，35 lb/ft^3（560 kg/m^3）。

强度：低。

干燥和稳定性：易干燥，非常稳定，几乎没有形变。

利用率：高。

板材宽度范围：全尺寸供应，可以获得很宽的板材。

板材厚度范围：全尺寸供应。

耐久性：室外耐久性差，不易做防腐处理。虽有驱虫效果，但不能抵御虫害。

加工性能

黎巴嫩雪松常用于制作抽屉和盒子衬里，很少用于其他用途，因为其他用途可以选择更便宜、更硬或更具装饰性的木材。径切板材稳定性好，不易形变，是理想的抽屉底板用材。

切削：切削容易且加工面光滑，但光泽略差。

成形：易产生压痕，易碎裂。

拼接：易胶合，但要避免撞击和挤压。常有径切宽板供应，因此不需要用窄板拼接面板。

表面处理：可以用各种表面处理产品处理，但效果都很一般。

可持续性

很少有经过认证的黎巴嫩雪松木材资源。应注意各国的政策，通常从当地木材供应商那里购买最为安全。

可获得性

相对容易获得，但与其他软木木材相比价格较高，只能用于特定用途。

主要用途	日常用材	细木工材
	制作抽屉底板、盒子衬里	制作室内细木工制品

大绿柄桑 *Chlorophora excelsa*

金木柚Iroko

优点
- 价格较为实惠
- 有油性，耐久性好
- 硬度和密度适中
- 表面处理效果好

缺点
- 有交错纹理
- 材色和花纹缺少特色
- 强度不高

一款耐久性好且适于长期使用的细木工用材

大绿柄桑是一款非常实用的热带阔叶材，主要用于非装饰用途，油性较大，可用于造船、制作桩柱等。木材纹理结构粗而均匀，纹理交错，难以用手工工具加工。加工后的边角整齐，木材表面呈现美丽的光泽。

重要特征
类型： 热带阔叶材。
其他名称： 黄金柚。
类似树种： 高贵绿柄桑（*C. regia*）。
分布： 非洲。
材色： 中等棕色，带有深色斑块。
结构： 粗。
纹理： 波浪纹或交错纹。
硬度： 大。
密度： 中等偏上，但小于大多数热带阔叶材，40 lb/ft³（640 kg/m³）。
强度： 中等。
干燥和稳定性： 易干燥，干燥后稳定，形变小。

利用率： 高。
板材宽度范围： 全尺寸供应。
板材厚度范围： 全尺寸供应。
耐久性： 好，但边材易遭虫害。

加工性能
易干燥，缺陷较少，耐久性好，非常适合制作门窗，但其交错纹理会给加工带来不便。

切削： 大绿柄桑除纹理交错外，还含有矿物质沉积物，易磨损刀具。应减少切削量，尤其是在刨削径切板面时。
成形： 大绿柄桑纹理结构均匀，易于制作接头，广泛应用于细木工制品。
拼接： 胶合性好；因形变小，不易产生错位，非常适合制作框架。
表面处理： 因结构较粗，填充后方可获得均匀的表面处理效果，处理后的表面较硬且光亮。

变化
对于大绿柄桑，所购即所得，其径切板材与弦切板材的侧面几乎没有差别。

可持续性
有些机构把该树种列为易危物种，较权威的报告则称其处于低风险状态。很难找到经过认证的木材来源，当然，将来情况应该会有所改观。

可获得性
不是最昂贵的热带阔叶材，可以从一些经营进口木材的供应商处获得。

主要用途	细木工材	▲ 海洋用材
	制作户外细木工制品、框架	造船

十二雄蕊破布木*Cordia dodecandra*

黑柿木Ziricote

优点
- 花纹精致
- 硬度和密度大
- 易于加工

缺点
- 稀缺而昂贵
- 表面易开裂

类似胡桃木、具独特花纹的阔叶材

十二雄蕊破布木兼具红木类木材和胡桃木木材的花纹和纹理结构优点，但因其价格昂贵，产量有限，很难得到广泛应用。木材暗棕色，带有不规则的波浪状黑色细线。该树种可以长得非常高大，并在某些小区域占据主导地位，但不易发现，加上经常生长不良，因而供应量非常有限。

重要特征

类型：热带阔叶材。

其他名称：西里科蒂。

替代树种：夏栎。

分布：墨西哥南部、伯利兹、危地马拉。

材色：暗棕色，带有不规则波浪状黑色细线，有时还可呈现木射线形成的银光花纹。

结构：细至中等，均匀。

纹理：直纹，有细微弯曲。

硬度：非常大。

密度：大，55 lb/ft^3（880 kg/m^3）。

强度：高。

干燥和稳定性：干燥困难，表面易开裂，干燥后非常稳定，不易形变。

利用率：利用率可能较高，特别是在边材得到利用时。

板材宽度范围：有限，只有当树径达到30 in（762.0 mm）时才能获得宽板。

板材厚度范围：因供应量有限，可能会受限制。

耐久性：中等。

加工性能

尽管非常坚硬，但要比大多数热带阔叶材更易加工，非常适合木旋和雕刻。当然，平整的大板面才能更好地呈现其精致的花纹。

切削：切削面光滑，几乎没有撕裂风险。

成形：铣削效果非常好，轮廓清晰，边角整齐。也不会过快钝化刀具。

拼接：胶合性相当好，但仍要提前进行测试，因为木材是油性的。需要预先为螺丝、钉子钻取引导孔。胶水凝固后拼板结构稳定。

表面处理：抛光效果极佳，不必染色。

变化

最好径切，以呈现波浪状的黑色细线。可能的话，最好也选择径切木皮。

可持续性

目前还难以评估其生存状况，因为这种树零星分布，并未大规模开发。已有与其类似的树种被列为易危或濒危物种，所以保险起见，购买时务必确定所购树种是十二雄蕊破布木。

可获得性

只能从专业的木材进口商处获得，而且价格昂贵。

主要用途	**室内用材** 制作高档家具、地板	**奢侈品与休闲用材** 制作枪托
	细木工材 制作装饰镶板	**装饰用材** 用于木旋、雕刻和制作木皮

白绿叶破布木*Cordia elaeagnoides*

墨西哥黄金檀Bocote

优点
- 花纹独特
- 易于加工

缺点
- 难以获得宽板
- 损耗率高

一款具独特条纹的阔叶材

　　白绿叶破布木具有引人注目的漂亮花纹。木材虽硬度大、密度大，但出人意料地易于加工。尽管干燥困难，但干燥后尺寸稳定，不易形变。木材利用率不高，主要是因为干燥时易开裂，而且浅色边材的比例较大。

重要特征

类型：热带阔叶材。

其他名称：虎皮檀。

分布：中美洲、西印度群岛。

材色：金棕色，带有规则的黑棕色细线。

结构：中等偏细，均匀。

纹理：直纹。

硬度：大。

密度：大，50 lb/ft^3（800 kg/m^3）。

可持续性和可获得性

　　市场上有相当数量的供应和库存，但木材价格依然昂贵。白绿叶破布木未列入濒危物种名录，但其可持续性堪忧。已有与其类似的树种被列为易危或濒危物种，所以保险起见，购买时务必确定所购树种是白绿叶破布木。

主要用途 **室内用材**
制作家具、地板

 装饰用材
制作木皮

唐斯赛比葳 *Cybistax donnell-smithii*

白桃花心木 Primavera

优点
- 花纹独特
- 不难加工

缺点
- 易开裂
- 有交错纹理

"适于月落后砍伐"的木材

据《世界森林–彩色版》（*World Woods in Color*）的作者威廉·林肯（William Lincoln）介绍，唐斯赛比葳的树液流动随着月亮的升降而变化，而不像普通树木那样随着季节变化。木材纹理不规则或交错，具有类似桃花心木的花纹，材色棕黄色，光泽强，木材强度中等，加工较容易，但耐久性差。传说这种树应该在"月黑"的时候砍伐，因为"月黑"之时树液会下降，砍伐后的木材中树液比较少而不易遭虫蛀。

重要特征

类型：热带阔叶材。
其他名称：唐斯蚁木、美洲掌叶、艳阳花。
分布：中美洲。
材色：浅黄棕色，带深色细线和黄色条纹。
结构：中等偏粗。
纹理：波浪纹、交错纹或直纹。
硬度：中至偏上。
密度：小，28 lb/ft^3（448 kg/m^3）。

可持续性和可获得性

未列入濒危物种名录，有供应但价格高，因为不常见。

主要用途 **室内用材**
制作家具、地板

 装饰用材
制作木皮

细木工材
用于室内装修、一般细木工制品和制作镶板

赛州黄檀 *Dalbergia cearensis*
国王木 Kingwood

优点
- 花纹壮美
- 硬度和密度大
- 心材与边材材色对比强烈
- 纹理直

缺点
- 常有节子
- 易开裂
- 稀有而昂贵

一款具独特花纹的小径级红木

赛州黄檀是红木的一种，属红酸枝类，具有吸引人的纹理图案和颜色。树木体量不大，小至中等乔木，直径很少超过10 in（254.0 mm），且树心常有空洞。心材呈有趣的粉棕色，与乳黄色的边材材色对比强烈，如果边材不能加以利用，出材率会很低。

重要特征
类型：热带阔叶材。
其他名称：紫罗兰木、紫金木。
分布：巴西。
材色：心材呈粉色或浅红色至深棕色，边材呈乳黄色。
结构：细而均匀。
纹理：直纹，但年轮宽窄不均匀。
硬度：大。
密度：非常大，75 lb/ft^3（1200 kg/m^3）。
强度：高，但较脆。

干燥和稳定性：干燥时易开裂，但干燥后稳定，不易形变。
利用率：低。因树木直径小、边材比例较大，以及树心常有空洞，损耗大。
板材宽度范围：非常有限，板宽很少超过8 in（203.2 mm）。
板材厚度范围：有限。
耐久性：很好。

加工性能

赛州黄檀的主要问题是直径小，板材宽度窄，通常只能制作木皮。

切削：切削性良好，但需要刀具非常锋利。
成形：塑形效果很好，轮廓非常清晰整齐。
拼接：胶合前应先测试，因为木材表面常有蜡质。使用螺丝和钉子时应先钻取引导孔。
表面处理：处理后表面非常光亮。

变化

因树木直径较小，任何木皮或板材都可能同时包含径切面和弦切面的纹理。可以考虑使用同时包含边材和心材的材料，以获得强烈的对比效果。

可持续性

由于资源稀少，可能供不应求，也不太可能找到经过认证的资源。许多黄檀属树种已被列入CITES附录 II 中，所以购买时一定要确认是赛州黄檀。

可获得性

稀有而昂贵。

| 主要用途 | **装饰用材** 制作木皮、镶嵌细工、木旋制品 | **日常用材** 制作小摆件或工艺品 |

阔叶黄檀 *Dalbergia latifolia*
印度红木 Indian rosewood

优点
- 材色和花纹美丽
- 硬度和密度大

缺点
- 加工困难
- 供应量有限
- 可持续性存疑
- 价格昂贵

高档人工林木材

　　阔叶黄檀，通常称印度红木。木材颜色呈深棕色，带有紫红色、粉红色和奶油色条纹。木材纹理结构略粗，纹理直纹或略有弯曲，常紧密交错。要确认阔叶黄檀的来源不太容易，让人担心是否为非法采伐的，通常认为来自人工林的木材比较安全。阔叶黄檀质地坚硬，耐久性强，常用于制造高档家具和装饰性的木旋作品，也为室内装修、门和橱柜的制作提供木皮。

重要特征

类型：热带阔叶材。
其他名称：东印度玫瑰木。
类似树种：爪哇黄檀（*D. javanica*）、印度黄檀（*D. sissoo*）。
替代树种：其他黄檀属红木、欧洲核桃木。
分布：印度。
材色：深棕色，带紫红色、粉红色和奶油色条纹。
结构：中等偏粗。
　　　　纹理：直纹或略有弯曲，也有交错纹。
　　　　硬度：非常大。

密度：大，52 lb/ft^3（832 kg/m^3）。
强度：高。
干燥和稳定性：干燥过程中材色会变化，宜低温缓慢干燥；干燥后非常稳定。
利用率：只能满足特定需求，利用率一般。
板材宽度范围：有限。
板材厚度范围：有限。
耐久性：很好。

加工性能

　　阔叶黄檀常含有矿物质沉积物，容易钝化刀具。

切削：困难，表面刨平不易。
成形：效果很好，轮廓清晰，边缘整齐，但阻力较大。
拼接：很难打钉，上螺丝和胶合性好。
表面处理：表面处理效果好。因纹理较粗，表面处理前需要预先填充；相较其他红木油性弱。

变化

　　径切面常具丝带状花纹。

可持续性

　　阔叶黄檀已被IUCN列为易危树种。很多黄檀属的树木被列为易危、濒危树种，或收入CITES附录中，所以一定要确保所购木材为阔叶黄檀。来自天然林地的阔叶黄檀受到《印度森林法》的保护，不能以原木或板材形式出口，但来自人工林的阔叶黄檀木材可以交易。

可获得性

　　难以大量供应，通常价格昂贵。

主要用途	**室内用材** 制作家具	**细木工材** 制作高档细木工制品
	装饰用材 制作室内家具及门板所需的木皮	**奢侈品与休闲用材** 制作乐器
		海洋用材 造船

巴西黑黄檀*Dalbergia nigra*
巴西红木Brazilian rosewood

优点
- 花纹漂亮
- 材色美丽
- 硬度大，强度高

缺点
- 价格昂贵
- 可持续性堪忧
- 供应有限

世界上最珍贵的木材之一

巴西黑黄檀质地坚硬，具有类似核桃木的颜色和花纹。材色浅蜜蜡色至深棕色，跨度很大，使其极具吸引力。木材密度大、强度高，纹理结构中等偏细，直纹为主，偶有交错纹理，是理想的家具制作材料。这一树种几近灭绝，并受到贸易限制，因此巴西黑黄檀价格极其昂贵。

重要特征

类型： 热带阔叶材。
其他名称： 桑托斯红木、蓝花楹木。
替代树种： 其他黄檀属红木、亚马孙黄檀（*D. spruceana*）、长毛军刀豆（*Machaerium villosum*）。
分布： 巴西。
材色： 浅蜜蜡色至深棕色，带有淡红色。
结构： 中等偏细。
纹理： 直纹，略有扭曲。
硬度： 非常大。
密度： 大，53 lb/ft^3（848 kg/m^3）。
强度： 高，弯曲性较好。

干燥和稳定性： 干燥宜慢，适于放在干燥窑中低温干燥，干燥后非常稳定。
利用率： 应该较高，因为非常珍贵。
板材宽度范围： 有限。
板材厚度范围： 有限。
耐久性： 很好。

加工性能

尽管纹理较直，但巴西黑黄檀加工并不容易。像其他红木木材一样，这种木材油性较大，会影响胶合、封边和表面涂饰。

切削： 刀具极易钝化，表面刨削效果好。
成形： 效果好，边角非常整齐。
拼接： 胶合困难，建议先用小样进行测试，可能需要双面涂胶。
表面处理： 需要小心对待，木材的油性会影响涂饰效果，建议预先用边角料进行测试。

变化

巴西黑黄檀以其装饰效果出众而著称，又因价格昂贵，常制作成木皮出售。

可持续性

巴西黑黄檀已被列入CITES附录Ⅰ，这意味着该物种面临灭绝的威胁，因此其贸易受到限制和管控。列入附录Ⅰ表明该树种受到严格保护，出口国要对木材的采伐合法性负责。在购买红木类木材时，要明确木材树种，虽然很难，但这是购买前首先要考虑的。

可获得性

价格非常昂贵，供应量极小。

主要用途

 室内用材
制作高档家具、地板

 装饰用材
制作橱柜用的木皮、木旋制品

 奢侈品与休闲用材
制作乐器

微凹黄檀 *Dalbergia retusa*

可可波罗 Cocobolo

优点

- 材色鲜明，对比强烈
- 花纹独特
- 密度和硬度大

缺点

- 供应量有限
- 价格昂贵
- 干燥困难

供应有限但颇具装饰性的红木

像其他很多红木一样，微凹黄檀因其独特的纹理和颜色、绚丽的光泽、极高的硬度和密度而备受推崇。木材加工面整齐，适合制作工艺品、高档家具等需要展现细节的制品。微凹黄檀还具有许多其他热带阔叶材（如乌木）的特性，但颜色和花纹样式更加丰富。不过，作为黄檀属的树木，这些特征会随着时间的推移逐渐退化。

重要特征

类型： 热带阔叶材。

其他名称： 尼加拉瓜红木、尤卡坦阔变豆。

类似树种： 巴西苏木（*Caesalpinia echinata*）、郁金香黄檀。

替代树种： 圭亚那饱食桑（*Brosimum guianense*）。

分布： 中美洲。

材色： 整体红色，带有橙色、黄色和黑色条纹，日久材色会变为浓郁的深红色。

结构： 细而均匀。

纹理： 不规则。

硬度： 很大。

密度： 很大，65 lb/ft^3（1040 kg/m^3）。

强度： 极高。

干燥和稳定性： 干燥宜缓慢，干燥过程中易开裂和变形，干燥后非常稳定。

利用率： 高，因为珍贵稀有。

板材宽度范围： 有限。

板材厚度范围： 有限。

耐久性： 油性大，天然耐久性好。因为防水，故而是制作餐具手柄的好材料。

加工性能

木材很坚硬，加工困难，对木匠来说是一种挑战。红木类木材加工产生的粉尘常会导致呼吸道疾病和皮肤过敏等问题。

切削： 需要锋利的刀具，但可获得非常光滑的切面。

塑形： 木材硬度很大，加工边缘整齐，适合塑形和装饰性木旋。

组装： 像其他红木一样，微凹黄檀木材油性较大，胶合困难，建议预先进行测试。使用螺丝和钉子应预先钻取引导孔。

表面处理： 表面处理效果好，可以染色，但很少有木匠会选择染色。

变化

花纹漂亮的原木通常用来制作木皮，用于镶嵌和装饰。

可持续性

微凹黄檀已被列入CITES附录Ⅱ，也被IUCN列入易危物种名录，要向供应商索取合法性认证文件，否则应考虑替代方案。

可获得性

供应有限，价格昂贵。

主要用途 **装饰用材**
制作高档家具的镶嵌件和装饰件、木旋工艺品、面板木皮

 日常用材
制作餐具手柄

 奢侈品与休闲用材
制作乐器

伯利兹黄檀*Dalbergia stevensonii*

洪都拉斯红木Honduras rosewood

优点

- 硬度和密度大
- 声音悦耳
- 花纹漂亮
- 纹理结构细

缺点

- 利用率低
- 油性较大影响胶合
- 价格昂贵

声乐特性和韧性极佳的红木

伯利兹黄檀，也称洪都拉斯红木，具有独特的外观和手感，材色既有点像赛鞋木豆（*Paraberlinia bifoliolata*），也有点类似核桃木，特别是英国核桃木。伯利兹黄檀木材结构纹理中等偏细，纹理通常交错，因而难以加工，尤其不便于手工作业。精致的波浪纹和漂亮的颜色（棕色到黑褐色，带紫色斑点），使其成为制作木皮的理想材料，然而因价格昂贵，这一用途也受到限制。因木材质地坚韧，具有良好的声乐特性，伯利兹黄檀还被用于制作木琴和打击乐器马林巴的琴槌。

重要特征

类型： 热带阔叶材。

其他名称： 大叶黄花梨。

替代树种： 其他黄檀属红木、核桃木。

分布： 伯利兹。

材色： 棕色至黑色，带紫色、红色斑点。

结构： 中等偏细。

纹理： 通常交错至扭曲，不规则，有时直纹。

硬度： 很大。

密度： 大，59 lb/ft^3（944 kg/m^3）。

强度： 高而坚韧。

干燥和稳定性： 干燥难，宜缓慢，干燥后非常稳定，形变很小。

利用率： 如果只用直纹部分，利用率会很低。

板材宽度范围： 有限。

板材厚度范围： 有限。

耐久性： 很好。

加工性能

在需要特殊的外观或音效时，才会使用伯利兹黄檀进行加工。

切削： 加工困难，极易钝化刀具，能获得非常光滑的表面，特别是直纹部分。

成形： 适于制作装饰性木旋制品。其纹理结构较细，铣削性好，能获得精确的轮廓和整齐的边角。

拼接： 木材油性大，难以胶合。不过，板材拼接后形变较小，稳定性好。

表面处理： 不会自然形成光滑的蜡质表面，需要打磨和抛光，使用清漆或抛光剂时要小心。

变化

变化较少。仔细挑选，可以找到令人满意的图案，但不可避免地会增加损耗。

可持续性

伯利兹黄檀已被列入CITES附录 Ⅲ 。幸运的话，能买到经过认证的木材。

可获得性

价格昂贵，供应量少，只能从一些专业的木材供应商处获得。

主要用途　 **奢侈品与休闲用材**
制作乐器

 装饰用材
制作橱柜和镶板
所需的木皮

 室内用材
制作高档家具

苏拉威西乌木 *Diospyros celebica*
望加锡乌木 Macassar ebony

优点
- 独特的花纹
- 硬度和密度非常大
- 干燥后非常稳定

缺点
- 粉尘有刺激性
- 干燥困难且缓慢
- 易开裂

一种装饰效果极佳的昂贵木材

苏拉威西乌木生长于印度尼西亚的苏拉威西岛（旧称西里伯斯），是你可以买到的最稀有、最名贵的木材之一。苏拉威西乌木具有显著的深棕色或黑色纹理，并夹杂浅棕色条纹。因树木稀缺且径级较小，板材供应非常有限。

重要特征

类型： 热带阔叶材。

其他名称： 乌木、印尼乌木、斯里兰卡乌木。

类似树种： 厚瓣乌木（*D. crassiflora*）、印度乌木（*D. melanoxylon*）、绒毛乌木（*D. tomentosa*）和安达曼乌木（*D. marmorata*）。

分布： 印度尼西亚苏拉威西岛。

材色： 暗棕色至黑色纹，间以浅黄色或浅棕色条带。

结构： 中等偏细，均匀。

纹理： 直纹为主，有少量交错叉纹或波浪纹。

硬度： 非常大。

密度： 非常大，68 lb/ft^3（1088 kg/m^3）。

强度： 不常用作结构材，而主要用作装饰材，原因不是其心材脆弱，而是过于昂贵。

干燥和稳定性： 干燥难，宜缓慢，干燥过快易开裂。通常会先将树木伐倒剥皮放置2年，再进行加工。干燥后非常稳定，不易形变。

利用率： 高。

板材宽度范围： 可能有一定限制。

板材厚度范围： 可能有一定限制。

耐久性： 非常耐腐，但较易遭虫害。

加工性能

因昂贵和稀缺，不可以随意测试消耗。木材非常硬，但不会过于钝化刀具，粉尘对某些人的皮肤具有刺激性。

切削： 操作时需要减小切削角度。刨削表面时存在撕裂风险。

成形： 铣削性好，能获得理想轮廓和边角。

拼接： 胶合性好；使用螺丝和钉子时需要预先钻取引导孔。

表面处理： 效果很好，饰面非常光滑，光泽度极高。

变化

苏拉威西乌木常用于制作木皮。不过径切和弦切表面的花纹样式差别不大。

可持续性

采伐量很少，有严格的配额，已被IUCN列为易危树种。不太可能买到经过认证的木材，也没有其他选择。

可获得性

供应量非常有限，价格非常昂贵。

主要用途		
室内用材 制作高档橱柜		**奢侈品与休闲用材** 制作乐器
装饰用材 制作装饰性的木旋制品、镶嵌件和木皮		

厚瓣乌木 *Diospyros crassiflora*
非洲乌木 African ebony

优点

- 材色惊艳
- 硬度和密度大，结构致密

缺点

- 易开裂、干裂，缺陷较多
- 稀有而昂贵
- 难有经认证的木材供应
- 材色多变

世界上最乌黑的木材

　　乌木种类很多，因为都很乌黑沉重，通常很难区分，加之很多其他类别的木材也被称为乌木，非常容易混淆。厚瓣乌木，也称非洲乌木，在木材供应商那里，有时会与加蓬乌木（*D. dendo*）混在一起。两者材色非常相近。虽然说厚瓣乌木是最黑的，但也常带有浅灰色或浅棕色条纹。

重要特征

类型：热带阔叶材。

其他名称：常以原产国的名字命名，如尼日利亚乌木、喀麦隆乌木。

类似树种：加蓬乌木、西非乌木（*D. piscatoria*）。

替代树种：苏拉威西乌木、夏栎。

分布：西非至中非。

材色：通常呈乌黑色，有时带黑色或灰色条纹。表面处理后颜色非常深。

结构：很细，而且均匀。

纹理：直纹为主，有交错纹。

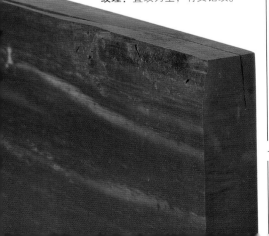

硬度：非常大。

密度：非常大，63 lb/ft^3（1008 kg/m^3）。

强度：非常高，抗冲击，能承受重载。令人惊讶的是，它的弯曲性也非常好。

干燥和稳定性：干燥较快，且干燥后稳定。

利用率：供应很有限，开裂和浅色条纹经常难以避免。不过厚瓣乌木常用于制作小件作品，损耗相对可控。

板材宽度范围：有限。

板材厚度范围：有限。

耐久性：非常好。

加工性能

　　所有乌木类木材均难以加工，据报道，乌木粉尘对皮肤、眼睛、肺部有刺激性。

切削：因木材非常坚硬，刨削板材时会出现跳刀，所以进刀量要小。可以用砂光机等设备加工乌木类木材的表面。

成形：铣削效果好，切面整齐，是理想的木旋和雕刻用材，切削角度要小。

拼接：虽然表面坚硬如铁，但胶合效果很好，建议预先进行测试。使用螺丝或钉子时应预先钻取引导孔。

表面处理：因为油性较大，建议使用抛光剂时先进行测试。处理后表面光泽极佳。

变化

　　常用于制作木皮。

可持续性

　　厚瓣乌木已被IUCN列为易危树种。目前没有经过认证的木材供应。

可获得性

　　供应量越来越少，价格非常昂贵。

主要用途		
装饰用材 制作装饰性木旋制品、镶嵌件		**奢侈品与休闲用材** 制作乐器
技术用材 制作测量工具		**日常用材** 制作餐具、小配件和工具手柄

小脉夹竹桃*Dyera costulata*

小脉夹竹桃Jelutong

优点

- 结构细而均匀
- 细腻的乳黄色
- 易于雕刻

缺点

- 没有花纹
- 强度低，耐久性差
- 具乳汁管

均匀而细致、适于雕刻的阔叶材

小脉夹竹桃木材密度小，结构细而均匀，但没有花纹，是理想的雕刻和木模用材，但因缺乏花纹，且弦切板面不可避免地存在乳汁迹，装饰性大打折扣。材色有些类似欧洲黄杨木，但材性差异颇大。

重要特征

类型： 热带阔叶材。

替代树种： 欧洲黄杨、欧洲椴（*Tilia europaea*）和美洲椴（*T. americana*）。

分布： 东南亚。

材色： 浅黄色，可逐渐变为乳黄色或草黄色。

结构： 细而均匀。

纹理： 很直。

硬度： 中等偏小。

密度： 小，28 lb/ft^3（448 kg/m^3）。

强度： 低。

干燥和稳定性： 易干燥，且干燥速度快，干燥后不易形变。

利用率： 一般。干燥过程中木材会变色，且树脂囊的存在会增加损耗，因此小脉夹竹桃很少用于装饰。

板材宽度范围： 较广。

板材厚度范围： 很有限，通常较厚的板材用于雕刻或木模制作。

耐久性： 差。

加工性能

一般木材加工厂很少使用小脉夹竹桃，做雕刻或木模用材时用于替代美洲椴或北美乔松（*Pinus strobus*）。其优点是纹理结构细而均匀，材色均一，呈乳黄色。

切削： 易于加工，不易撕裂，也不会明显钝化刀具。

塑形： 铣削性好，轮廓清晰精确，切面整齐，所以常用于雕刻或木模制作。

组装： 胶合性好，层压后的木块用于雕刻也没有问题。

表面处理： 处理后的光泽很好，但因没有花纹，制品通常需要染色或上漆。

变化

乳汁迹是这种木材的表面特征。

可持续性

通常轻软的木材生长较快，也不会面临生存威胁。小脉夹竹桃也是如此，它没有被列入易危物种名录。

可获得性

需要从一些特殊木材供应商处获得，价格不贵。

主要用途　 **装饰用材**
用于雕刻或制作
木模

 细木工材
制作胶合板

筒状非洲楝 *Entandrophragma cylindricum*

沙比利 Sapele

优点
- 价格实惠
- 材质均匀
- 可以作为桃花心木的替代材

缺点
- 缺少特色
- 稳定性一般
- 有交错纹理

与桃花心木有亲缘关系的木材

　　筒状非洲楝俗称沙比利，可用作桃花心木的替代材，该树种与桃花心木有亲缘关系，同属楝科。它们具有类似的材色和纹理特征，但筒状非洲楝条带颜色更深，因而不太受欢迎，当然，花纹漂亮的板材还是颇受青睐的。木材主要用于制作办公家具或商店内部装修所需的木皮，以及实木门等细木工制品。虽然纹理相对细而均匀，但交错纹理会给加工带来不便。

重要特征

类型： 热带阔叶材。

替代树种： 边缘桉（*Eucalyptus marginata*）、赤桉（*Eucalyptus camaldulensis*）和各种桃花心木（*Swietenia* spp.）。

分布： 非洲。

材色： 红棕色，具深色条带。

结构： 中等偏细。

纹理： 通常直纹，但也有交错纹和波浪纹。

　　硬度： 在热带阔叶材中偏小。

密度： 中等，39 lb/ft^3（624 kg/m^3）。

强度： 不高，易弯折。

干燥和稳定性： 干燥过程中易形变，特别是在干燥过快时。干燥后也存在一定幅度的形变。

利用率： 高。

板材宽度范围： 全尺寸供应。

板材厚度范围： 全尺寸供应。

耐久性： 一般。

加工性能

　　因为粉尘和交错纹理的缘故，筒状非洲楝不易加工，但其涂饰效果好。

切削： 因为交错纹理，切削时木材易撕裂。筒状非洲楝是少见的便于手工加工的木材之一。

成形： 铣削性良好，可获得清晰的轮廓和整齐的边角。

拼接： 胶合性好；拼接后板材形变幅度小。

表面处理： 染色效果好，但须小心；上漆后的表面也很干净平整。

变化

　　径切面可呈现丝带状花纹，以及琴背纹、虎斑纹等花纹。具以上花纹的木材常用于制作木皮。

可持续性

　　该树种的木材供应情况因国家而异，但几乎没有证据表明有经过认证的木材资源。该树种被IUCN列为易危等级。

可获得性

　　筒状非洲楝主要用于制作胶合板，在某些专业的进口木材供应商处可获得实木板材。价格中等。

主要用途　 **室内用材**
制作橱柜等家具和地板

 细木工材
用于室内装修以及制作镶板和胶合板

边缘桉 *Eucalyptus marginata*

红桉Jarrah

优点
- 材色浓郁漂亮
- 花纹美观
- 韧性好，硬度大，光泽强

缺点
- 材色不均匀
- 有交错纹理
- 不易加工

边缘桉曾用作铁道枕木

边缘桉坚固耐用，因此曾作为铁路建设的道岔枕木使用。它只生长在澳大利亚西海岸珀斯以南的狭窄地带，在当地被广泛应用于建造房屋、制作家具等。

重要特征

类型： 温带阔叶材。
其他名称： 西澳大利亚桃花心木。
替代树种： 圆锥紫心苏木（*Peltogyne paniculata*）。
分布： 澳大利亚西部。
材色： 浓的红色或红棕色，随木材暴露在空气中时间的增加，材色会由红色变深为棕色。
结构： 中等偏粗。
纹理： 通常直纹，带有波浪纹和交错纹。
硬度： 大。
密度： 大，但常有变化，50 lb/ft^3（800 kg/m^3）。
强度： 高，但弯曲性不是很好，除非直纹部分。
干燥和稳定性： 初始阶段最好自然风干，因为窑干时木材容易翘曲。

利用率： 中等。因为树胶囊会影响出材率。具树胶囊也是这种木材的识别特征。
板材宽度范围： 全尺寸供应。
板材厚度范围： 全尺寸供应，且常有现货。
耐久性： 好。

加工性能

边缘桉在澳大利亚州西部用于各种建筑施工，也是该地区家具制造商和木旋工匠的首选木材。但由于边缘桉硬度大，加工时需要保持刀具锋利才能获得整齐的切面。

切削： 刨削效果好，但因木材硬度大，加工时所用刀具必须非常锋利。手工加工难度大。
成形： 可以获得精确的轮廓和整齐的边角，或者较为饱满的外形。
拼接： 使用钉子和螺丝需要预先钻取引导孔，木材不会因此开裂。
表面处理： 饰面光亮，色彩丰富。适于各种表面处理方式，且染色效果好。

变化

边缘桉树瘤具有漂亮的颜色和花纹，硬度大却能展现出一定的柔韧性，因而适于木旋和雕刻。径切面有时会呈现斑状花纹（虎斑纹）。

可持续性

未被列为易危物种，但市场上几乎没有经过认证的木材供应。

可获得性

边缘桉通常库存丰富，价格中等偏上。

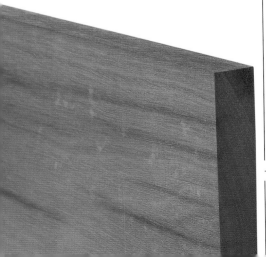

主要用途

 室内用材
制作家具和地板

建筑用材
建造房屋

 装饰用材
用于木旋

 户外用材
制作铁路枕木

良木芸香*Euxylophora paraensis*

巴西黄椴木Pau amarello

优点

- 密度和硬度大，质地坚韧
- 纹理结构极细，奶油质感
- 材色亮黄诱人

缺点

- 有交错纹理
- 花纹单调
- 供应量极少

来自巴西的黄色黄杨木

　　良木芸香木材兼具小脉夹竹桃的花纹、亮黄色材色，以及欧洲黄杨木的硬度。实际上，良木芸香就是俗称"黄杨木"的木材之一，通常用于制造木槌、工具手柄、印章和木尺。良木芸香结构细致，具有颜色深浅交织而富有光泽的斑纹。端面往往具有明显的早晚材条带，不过在板材的大面上看不到这些条带。

重要特征

类型： 热带阔叶材。

其他名称： 黄心木/帕拉芸香。

替代树种： 欧洲黄杨、香果桉（*Eucalyptus cypellocarpa*）、美国冬青（*Ilex opaca*）。

分布： 巴西亚马孙河下游。

材色： 黄色。

结构： 中等偏细，均匀。

纹理： 多弯曲或交错。

硬度： 大。

密度： 大，54 lb/ft^3（864 kg/m^3）。

强度： 高。

干燥和稳定性： 在干燥过程中收缩均匀，没有明显形变。使用过程中较为稳定。

利用率： 较高，边材与心材几乎没有区分，缺陷少，形变小。

板材宽度范围： 可能有限。

板材厚度范围： 可能有限。

耐久性： 好。

加工性能

　　由于波浪纹、交错纹的木纤维短，加工时易碎裂，但是专业木匠认为该木材不难加工。

切削： 除非遇到交错纹理，通常容易刨切。该木材因纹理较顺，不易钝化刀具。

成形： 因木材致密坚硬，铣削效果好，能获得整齐的边角。

拼接： 易胶合，握钉力强。

表面处理： 因木材没有油性，经过精细打磨可获得光滑、光亮的表面。

变化

　　良木芸香中的卷曲纹理被称为帕拉纹（pau setim）。这种纹理使得木材很难刨平，所以最好以打磨的方式处理表面，以免撕裂木纤维。

可持续性

　　良木芸香是一种鲜为人知的热带雨林树种，有时可以从经过认证的来源获得，但并不常见。该树种未被列为易危物种，可能会得到进一步的开发利用。

可获得性

　　良木芸香可以从一些专业的供应商处购得。通常比欧洲黄杨木便宜。

主要用途　　 **室内用材**
制作家具和地板　　 **日常用材**
制作工具手柄

北美水青冈 *Fagus grandifolia*
美洲山毛榉 American beech

优点
- 纹理和结构均匀
- 易加工
- 价格实惠
- 硬度大，强度高

缺点
- 易形变
- 花纹单调
- 材色日久会变黄

一款常用于制作椅子的木材

北美水青冈因为易于加工、纹理均匀连贯且价格低廉，被广泛用于大规模的家具生产。不过，这种木材的装饰性不足，所以通常需要进行上漆或染色处理，效果都很好。在径切板和弦切板上出现的深色斑纹或小斑点，是木射线赋予这种木材的一个显著特征。

重要特征

类型：温带阔叶材。

替代树种：黄桦、各种杨树（*Populus* spp.）。

分布：北美洲。

材色：红棕色。

结构：细而均匀，但相比欧洲水青冈较粗糙。

纹理：直纹，无缺陷。

硬度：大。

密度：中等或略大，46 lb/ft^3（736 kg/m^3）。

强度：强度很高，适合蒸汽弯曲。

干燥和稳定性：使用生材或加工过程中，都要做好干燥或调湿处理，这是因为北美水青冈相较于大部分温带阔叶材更易形变。除非生产木皮，一般不用它来制作较宽的板材。在使用前一定要确认它的干燥程度（木材含水率）。

利用率：高，因为边材占比小，缺陷少。

板材宽度范围：全尺寸供应。

板材厚度范围：全尺寸供应，可以生产厚板。

耐久性：户外使用需要进行防腐处理，较易遭受虫害，不耐腐，但可以进行防腐处理。

加工性能

由于花纹和颜色缺少特点，所以木匠们更喜欢用它来制作结构件、夹具和圆木榫，或是需要上漆或染色的木制品。它常被用来制作仿古家具，因为纹理不明显，便于模仿其他木材。

切削：非常简单。木材纹理通直，易于加工，尽管有时候会卡在锯片上并留下灼痕。

成形：边缘整齐。适合木旋，经常被用于制作各种木旋部件。

拼接：胶合性好。木材硬度适中，组装时适合夹持。钉钉子不需要预先钻孔。

表面处理：适于各种表面处理方式，常进行上漆或染色。如果使用透明的表面处理产品，要注意木材的变黄问题。

变化

蒸汽处理过的北美水青冈往往颜色更深、更红。

可持续性

尽管目前北美水青冈并没有受到威胁，但也需要购买认证木材。

可获得性

易于购买，是最便宜的温带阔叶材之一，成本几乎只有橡木或樱桃木的一半。

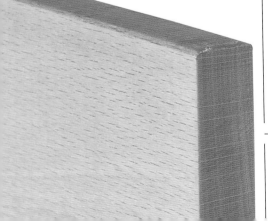

主要用途		
室内用材 用于制作家具的弯曲部件和规模化家具生产	**技术用材** 制作木工夹具	
	细木工材 制作饼干榫和圆木榫，用于商店内部装修	

欧洲水青冈*Fagus sylvatica*

欧洲山毛榉European beech

优点
- 纹理均匀连贯
- 易于加工
- 价格低廉
- 硬度大，强度高

缺点
- 易形变
- 花纹单调
- 材色日久会变黄

密度： 中等偏上，45 lb/ft^3（720 kg/m^3）。

强度： 非常高，适于蒸汽弯曲加工。

干燥和稳定性： 使用湿材或加工过程中，都需要很好地干燥或进行调湿处理，因为相对于大部分温带阔叶材，欧洲水青冈更易形变。干燥速度快，通常不宜制作宽面板。

利用率： 高。

板材宽度范围： 全尺寸供应。

板材厚度范围： 全尺寸供应，可以生产厚板。

耐久性： 户外使用需要进行防腐处理。

一款过去常用于制作椅子的木材

欧洲水青冈在英格兰东南部的奇尔特恩林区很受木旋工匠青睐，他们使用这种淡粉色的硬木制作椅子腿和横撑。因为易于加工、材质均匀且价格低廉，欧洲水青冈被广泛用于大规模的家具生产。表面处理的效果好，上漆或染色是常用的处理方式。在径切板和弦切板上出现的深色斑点或斑纹，是木射线赋予的显著特征。

重要特征

类型： 温带阔叶材。

其他名称： 英国山毛榉。

替代树种： 黄桦、二球悬铃木、杨树、蒙古栎（*Quercus mongolica*）。

分布： 欧洲。

材色： 浅棕色，带粉红色。

结构： 纹理连贯，质地细密均匀，打磨后非常光滑。

纹理： 直纹，无缺陷。

硬度： 大。

加工性能

由于强度高，质地均匀，欧洲水青冈很适合蒸汽弯曲，特别是在大规模生产中。它常被用来制作仿古家具，因为其纹理不明显，便于仿制其他木材。

切削： 非常容易。纹理通直，易于加工。

成形： 效果好，边角整齐。

拼接： 胶合性好；木材硬度适中，适于夹持。

表面处理： 适于各种表面处理方式，上漆或染色是常用处理方式。如果使用透明的表面处理产品，要注意木材变黄的问题。

变化

经蒸汽处理的欧洲水青冈往往颜色更深、更红。欧洲水青冈也以病变产生的花斑纹而闻名，深色的病变线条可贯穿整块木材。

可持续性

尽管欧洲水青冈经常受到灰松鼠的侵害，但它不是濒危树种，也有经过认证的木材供应。

可获得性

易于购买，是最便宜的温带阔叶材之一，成本几乎只有橡木或樱桃木的一半。

主要用途

室内用材
用于规模化家具生产和家具弯曲部件的制作

技术用材
制作木工夹具

细木工材
制作圆木榫和饼干榫，用于商店内部装修

美洲白蜡木*Fraxinus Americana*

白蜡木White ash

优点

- 弯曲性能极佳
- 强度高
- 花纹显著
- 染色后的特殊效果
- 边材占比小
- 缺陷少

缺点

- 随时间推移会黄化
- 易撕裂和碎裂
- 早晚材硬度和加工性能差别大

适于制作工具手柄的易弯曲木材

美洲白蜡木颜色较浅，是一种重要的木材。它的重要性与其说来自其装饰价值，不如说来自其可观的强度和弹性。美洲白蜡木纹理较粗，早材管孔大，在上漆或染成深色后会显现出来。这一特点在欧洲白蜡木上更为显著。美洲白蜡木具有良好的减震性能，使得它在制作工具手柄和运动器材方面深受欢迎，但要确保使用的是直纹的木材部分，因为木材在纹理弯曲的地方易开裂。

重要特征

类型：温带阔叶材。

其他名称：美国白蜡木。

替代树种：欧洲黄杨、各种山核桃（*Carya* spp.）。

分布：美国和加拿大。

材色：白色。

结构：粗糙，管孔粗大。

纹理：纹理通直。

硬度：大。

密度：中等偏上，41 lb/ft³（656 kg/m³）。

强度：高。

干燥和稳定性：好，但有端裂倾向。

利用率：中等，取决于纹理情况。

板材宽度范围：全尺寸供应。

板材厚度范围：全尺寸供应。

耐久性：户外使用需要进行防腐处理，有较好的防虫蛀性能。

加工性能

晚材非常坚硬，逆纹理刨削时，手工刨容易跳动。此外，节子周围的纹理弯曲处很容易劈裂。刨削时如果刨花从薄片状变成颗粒状，就需要研磨刀刃了。

切削：会产生撕裂，但由于很少有交错纹理，通常都能找到合适的方法成功地切割和刨削。

成形：进刀量要小，以免产生撕裂。使用锋利的刀具更易获得整齐的边角。

拼接：不易留下压痕；不易形变；拼接精度要求较高；较易开裂。其显著的花纹和不均匀的材色使得在拼接时难以隐藏接缝。

表面处理：大多数透明表面处理产品的处理效果好；但较硬的部分染色效果欠佳。

变化

美洲白蜡木的心材常呈橄榄色；有时可以见到波状花纹的木材，很适合制作木皮。

可持续性

经认证的木材资源众多，树木生长没有受到威胁。

可获得性

因生长量大，损耗率并不是特别高，在硬木中价格较低。

主要用途			
	室内用材 制作家具		**奢侈品与休闲用材** 制作运动器材
	海洋用材 造船		**日常用材** 制作工具手柄

欧洲白蜡木 *Fraxinus excelsior*

 欧洲白蜡木 European ash

优点

- 强度高，弯曲性能极佳
- 纹理图案独特
- 有趣的变色效果
- 边材很少
- 缺陷很少

缺点

- 浅黄色的材色
- 易撕裂和碎裂
- 早晚材在硬度和加工性能上存在显著差异

一款柔韧的木材

欧洲白蜡树生长时常弯曲或扭曲，表明这种树的木材具有极好的韧性。木材呈浅黄色，有明显的一排排管孔，在染色后会变得更加明显。木材具有良好的抗震性，使它在制作工具手柄和运动器材方面备受青睐，但要选择直纹木料。

重要特征

类型：温带阔叶材。

其他名称：英国白蜡木。

替代树种：各种山核桃、夏栎、榆木（荷兰榆或英国榆）。

分布：欧洲。

材色：浅黄色。

结构：粗，管孔粗大。

纹理：直纹。

硬度：大。

密度：中等偏大，44 lb/ft^3（704 kg/m^3）。

强度：高。

干燥和稳定性：好，但易端裂。

利用率：中等，主要取决于纹理方向。

板材宽度范围：全尺寸供应。

板材厚度范围：全尺寸供应。

耐久性：户外使用需要防腐处理，具有较好的抗虫蛀性能。

加工性能

欧洲白蜡木加工能获得整齐的边角，但纹理弯曲的部分易撕裂，尤其是木节周围。晚材特别坚硬，逆纹理刨削容易跳刀。刨削时如果刨花从薄片状变成颗粒状，就需要研磨刀刃了。

切削：欧洲白蜡木易撕裂，但因其很少有交错纹理，所以不难找到合适的锯切和刨削方法。

成形：进刀量要小，若尝试一次去除太多木料很容易使木材撕裂。要使用锋利的刀具铣削以获得整齐的边缘。

拼接：不易留下压痕；不易形变。因花纹显著和材色不均匀，使得拼板的拼缝处难以隐藏。

表面处理：大多数透明涂料的处理效果好，但在硬节部位，涂层容易硬化，且难以染色。

变化

欧洲白蜡木的橄榄色心材比美洲白蜡木中更为常见。含有波浪纹理的木材常用来制作木皮。

可持续性

有经过认证的木材供应，该树种的生存未受到威胁。

可获得性

容易获得，且价格较低。损耗率也不是特别高，需要注意端裂问题。

主要用途			
室内用材 制作家具		日常用材 制作工具手柄	
海洋用材 造船		奢侈品与休闲用材 制作运动器材	

棉籽木 *Gossypiospermum praecox*

委内瑞拉黄杨木Maracaibo boxwood

优点

- 质地均匀、光滑
- 花纹微妙
- 硬度和密度大

缺点

- 板材规格有限
- 干燥困难
- 切削困难

一款黄杨木的替代木材

与许多被称为"黄杨木",但分类上与黄杨木毫无关系的木材一样,棉籽木具有奶油般的色泽和质地,外观很漂亮,非常适合木旋。尽管有一些较宽的板材,但一般来说板材的宽度有限。木材的硬度和抗震性使其很适合制作手柄和其他木旋制品。

重要特征

类型: 热带阔叶材。
其他名称: 棉籽嘉赐木(*Casearia praecox*)。
替代树种: 欧洲黄杨、小脉夹竹桃、南非夹竹桃(*Gonioma kamassi*)、巴西叶柱榆(*Phyllostylon brasiliensis*)。
分布: 委内瑞拉、哥伦比亚、西印度群岛。
材色: 黄色。
结构: 细而均匀。
纹理: 通直而细密。
硬度: 大。
密度: 大,53 lb/ft^3(848 kg/m^3)。
强度: 高,具有良好的抗冲击性能。

干燥和稳定性: 干燥宜缓慢,干燥过程中易开裂,但干燥后非常稳定。
利用率: 中等,因为边材不明显;但如果板材尺寸较小,需要拼接得到宽板,则板材的损耗会增加。
板材宽度范围: 可能有限。
板材厚度范围: 可能有限。
耐久性: 好,但边材易遭受虫害。

加工性能

奶油般的质地使棉籽木非常适合木旋和雕刻,但因硬度较大,易钝化刀具刃口。

切削: 因为纹理较直,表面切削效果好,但会出现小的撕裂。
成形: 易于旋切和雕刻,可以获得精确、清晰的轮廓。与真正的黄杨木一样,棉籽木常被用来制作棋子。
拼接: 不易形变,油性也不是很大,所以胶合性好。但因木材坚硬,使用螺丝和钉子时需要预先钻取引导孔。
表面处理: 可以获得美丽的光泽。

变化

如果环境湿度高,要注意防止蓝变。可以在径切板面上看到射线斑纹或其他花纹。棉籽木有时会被染成黑色以仿制乌木用于制作木皮。

可持续性

没有被列为易危树种,也没有经过认证的木材供应。

可获得性

因使用不广,价格应该不会太贵。

主要用途	**装饰用材** 制作木旋制品、木皮	**奢侈品与休闲用材** 制作精密仪器和乐器
		技术用材 制作印章和雕刻品

愈疮木 *Guaiacum officinale*
愈疮木 Lignum-vitae

优点
- 花纹精致，色彩美丽诱人
- 具有自润滑性
- 耐久性非常好，硬度大且强度高

缺点
- 供应非常有限
- 价格昂贵
- 非常难以加工

面临着灭绝威胁的生命之树

愈疮木是一种非凡的木材，它不仅美丽，而且非常坚固耐用。几个世纪的过度采伐使愈疮木已经十分短缺。生长在中美洲沿海地区的愈疮木被称为生命之树，人们为了获得药用树脂而将其砍伐。愈疮木木材的油性使其具有自润滑功能，是制作滑轮、轴承、车轮、滚轮和刀模的理想材料，也被用来制作保龄球。

重要特征

类型： 热带阔叶材。

其他名称： 铁木、生命之树。

类似树种： 神圣愈疮木（*G. sanctum*）和危地马拉愈疮木（*G. guatemalense*）。

替代树种： 绿心樟（*Chlorocardium rodiei*）。

分布： 中美洲。

材色： 橄榄绿色、深黄色、棕色、深棕色相间的带状条纹，并带有细小的人字形斑纹图案。

结构： 细且均匀，但易撕裂。

纹理： 交错纹和波浪纹。

硬度： 非常大。

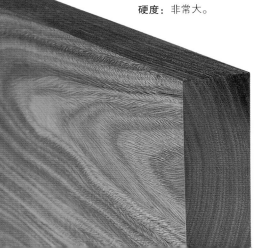

密度： 非常大，72~82 lb/ft^3（1152~1312 kg/m^3）。

强度： 非常高。

干燥和稳定性： 干燥时必须小心，干燥后形变幅度中等。

利用率： 高，因为缺陷很少。

板材宽度范围： 有限。

板材厚度范围： 可能有限。

耐久性： 非常好，但较易遭受虫害。

加工性能

愈疮木很难加工，容易出现跳刀。油性大，难以胶合。

切削： 非常困难。交错纹理区域很容易撕裂。尽管不会严重钝化刀具，但容易出现跳刀，因此只能进行非常精细的切削。

成形： 容易撕裂，特别是在径切板的侧面。因材质坚硬，能获得整齐的边角。

拼接： 拧入螺丝和钉钉子非常困难；胶合时需要提前测试，找到最合适的黏合剂。

表面处理： 通过打磨、抛光能得到极佳的表面。

变化

在径切面上有条带状花纹，在弦切面上呈现壮丽的火焰纹和精美的波浪纹。

可持续性

愈疮木被列入CITES附录II中，必须非常谨慎地使用它。该物种已濒临灭绝，甚至在某些地方已经绝迹。类似树种神圣愈疮木也是如此，它常以愈疮木的名义被出售。

可获得性

有时可以从专业的进口木材供应商处获得，但非常昂贵。它通常按重量而不是按板材体积计量出售。

主要用途

  海洋用材
制作船用部件

 装饰用材
制作木旋制品

 技术用材
制作时钟机芯、轴承、滑轮和刀模

德米古夷苏木 *Guibourtia demeusei*
西非黄檀 Bubinga

优点
- 坚硬，强度高
- 花纹显著
- 价格实惠

缺点
- 纹理多扭曲、交错
- 难以加工
- 材色不均匀

一款色彩独特、外观硬朗而狂野的木材

德米古夷苏木新切材呈粉红色，日久材色转暗；且具有趣的棕红色花纹，直纹与交错纹理相混，不规则的棕红色树胶线使它的颜色更加迷人。木材耐磨，表面处理效果细腻，可作为传统红木的替代品制作实木地板和工具把手。

重要特征

类型： 热带阔叶材。
其他名称： 非洲红木。
替代树种： 各种尼克樟（ *Nectandra* spp.）。
分布： 中非、西非。
材色： 棕红色，带有一些紫色条纹。
结构： 粗，但均匀。
纹理： 部分直纹，多旋涡纹，夹杂交错纹和波浪纹。
硬度： 大。
密度： 大，55 lb/ft^3（880 kg/m^3），在热带阔叶材中属于中等。
强度： 弯曲性不好，不易留下压痕。
干燥和稳定性： 板材干燥性好，且稳定。

利用率： 可能偏低，因为纹理不均匀和树胶囊的存在，且边材率较高。
板材宽度范围： 可能有限。
板材厚度范围： 可能有限。
耐久性： 易遭虫害，边材需要做防腐处理。

加工性能

尽管有交错纹理，但均匀的质地使木材加工相对容易；加工时刀具要锋利。德米古夷苏木的木材坚固，表面平整，非常坚韧，很多木工桌台面都是用它制作的，能经受时间的考验。但德米古夷苏木更多的时候是用来制作木皮。

切削： 锯切和刨削效果都很好，但易磨损刀具。切削量要小，并经常检查刀具的锋利程度。
成形： 榫头的铣削和切割效果好，但要确保接头部分纹理通直。
拼接： 德米古夷苏木胶合性很好且稳定，用来制作结构件没有任何问题。
表面处理： 效果好，可以得到具有亮棕色光泽的细腻表面。

变化

旋转切割可以获得花纹特殊的、最具装饰效果的木皮。

可持续性

目前还没有经认证的德米古夷苏木资源。据最新的资料介绍，德米古夷苏木已被列入CITES附录II中。

可获得性

随着红木供应的减少，可用于制作工具手柄和家具的德米古夷苏木会变得更受欢迎。而且在热带阔叶材中，它的价格适中。

主要用途		
室内用材 制作家具和地板	**技术用材** 制作木工桌台面	
装饰用材 制作橱柜用木皮	**日常用材** 制作工具手柄	

美国冬青 *llex opaca*

美国冬青木American holly

优点

- 乳白色
- 纹理结构细而均匀
- 适合木旋和雕刻

缺点

- 有交错纹理
- 仅有小规格板材
- 供应量非常有限

纯白色的木旋用材

只要使用过美国冬青，你就永远不会忘记它。尽管美国冬青的材色可能并不均匀，但其难以辨认的花纹和纯白材色令人难忘。然而，这种木材产量很小，难以找到。美国冬青纹理结构细而均匀，特别适合木旋加工。木材质地坚韧，有近似天鹅绒的手感，有时还会带点绿色调。美国冬青常有交错纹理（木旋工匠不会在意），不易加工，还易钝化刀具。木材不易干燥，稳定性也不好，且规格因树木径级小而受限制。美国冬青耐久性差，不太可能用于重要用途，常被染成黑色以替代乌木。

重要特征

类型：温带阔叶材。

相关树种：欧洲冬青（*I. aquifolium*）。

分布：美国冬青生长在美国，但世界上有多种冬青。

材色：乳白色。

结构：细而均匀，有丝滑感。

纹理：波浪纹、交错纹理。

硬度：大，质地坚韧。

密度：大，50 lb/ft^3（800 kg/m^3）。

可持续性和可获得性

作为主要的观赏树木，美国冬青很少被砍伐提供木材。最有可能的来源是当地的树木修剪和更新，以及专业的木旋和雕刻材料供应商、木皮供应商。木材市场上美国冬青很少，也没有经过认证的资源，但该树种的生存没有受到威胁。

主要用途 **装饰用材**
制作木旋制品、
镶嵌件和线架

 奢侈品与休闲用材
制作乐器、棋子

白核桃木*Juglans cinerea*

灰胡桃Butternut

优点
- 花纹优美
- 材色特别
- 用途广泛，且价格实惠

缺点
- 轻软，强度较低
- 干燥后的形变幅度中等
- 耐久性差

一款特殊颜色的核桃木

　　白核桃木与黑核桃木的质地、密度和纹理相似，但颜色要浅得多，有明显的晚材带。这种树往往生长在远离北美东海岸森林的地方，不是特别高大，高度不超过100 ft（30.5 m），直径不超过3 ft（0.91 m），其坚果常被用来制作糖果。

重要特征

类型：温带阔叶材。

其他名称：灰核桃、白胡桃。

分布：北美东部。

材色：边材米黄色至浅棕色；心材颜色略深，并带有浅红棕色的晚材带。

结构：中等偏粗，但均匀。

纹理：直纹理。

硬度：小。

密度：小，28 lb/ft^3（448 kg/m^3）。

加工性能

　　白核桃木纹理直，易加工，加工后的边角整齐。不易钝化刀具，但如果刀具不够锋利，可能会撕裂木纤维。白核桃木抛光效果好，可以获得极佳的光泽，染色效果好。

可持续性和可获得性

　　供应充足，有经过认证的木材供应。价格中等。

主要用途　 **室内用材**
制作家具

 细木工材
用于室内装修

 装饰用材
雕刻

黑核桃木 *Juglans nigra*

黑胡桃 Black walnut

优点

- 用途广泛，性价比高
- 名贵深色木材的代用材
- 直纹，易于加工
- 表面处理效果好
- 颜色诱人，结构均匀

缺点

- 机械加工粉尘大，气味难闻
- 易钝化刀具刃口
- 涂层易出现雾浊
- 结构粗糙
- 质地软，易留下压痕

一款颜色深、密度小的多用途阔叶材

黑核桃木与核桃木有亲缘关系，是世界著名的木材，常用于家具制造，以及落地钟、雕刻和枪托用材。黑核桃生长在北美，木材纹理直，心材深棕色，有条纹，带紫色。黑核桃木通常是窑干后出售，相对于其他阔叶材感觉较为轻软。

重要特征

类型：温带阔叶材。
其他名称： 美国黑胡桃。
替代树种：棕色橡木，即夏栎的病态变异种。
分布：美国、加拿大。
材色：深棕色，带有浅色条纹，至边材方向颜色转浅，带淡紫色。
结构：略粗，但均匀。
纹理：通常直，有时扭曲或交错。
硬度：中等偏小。

密度：中等偏大，40 lb/ft^3（640 kg/m^3）。
强度：中等，易留下压痕。
干燥和稳定性：干燥性能好，但如果干燥过快，易开裂和降等。干燥后稳定性好。
利用率：高。
板材宽度范围：全尺寸供应。
板材厚度范围：全尺寸供应。
耐久性：中等，户外使用需要做防腐处理。

加工性能

非常容易加工，而且因为边材很少，损耗很小。黑核桃木用机器和手工工具加工都很容易，并容易得到整齐的边角，但加工过程中粉尘很多，还可能产生令人不快的刺激性气味。

切削：锯切和刨削效果很好。
成形：铣削造型精美，不过较易钝化刀具。
拼接：胶合性好，但需要注意表面的粉尘。胶水很容易浸入纹理，且难以去除。拼接后稳定性好。
表面处理：涂层表面光泽美丽，抛光效果好。涂层可能会出现乳白色的雾浊，尤其是在使用虫胶处理时。

变化

适合制作装饰木皮；有些板面具有水波纹。

可持续性

黑核桃木有经过认证的木材资源，且物种生存没有受到任何威胁。

可获得性

很容易从阔叶材供应商处获得。非常低的损耗率使黑核桃木具有很高的性价比。

主要用途			
室内用材 制作家具		**奢侈品与休闲用材** 制作枪托和乐器	
细木工材 用于室内细木工		**装饰用材** 雕刻	
海洋用材 造船			

核桃木 *Juglans regia*

英国核桃木 English walnut

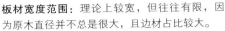

优点	缺点
· 独特的纹理	· 价格昂贵
· 颜色范围很广	· 损耗率高
· 易加工	· 易遭虫害

一款被广泛模仿却无法比拟的阔叶材

核桃木颜色范围广，花纹精妙有趣，并以温和的波浪曲线著称。该木材易于加工，但价格昂贵，边材宽，损耗高。众所周知，家具制造商会当场购买伐倒的树木，以获得满足不同用途的木皮或实木板材。

重要特征

类型：温带阔叶材。

其他名称：欧洲核桃木、波斯核桃木。

相关树种：日本核桃木（*J. ailantifolia*）。

替代树种：黑核桃、巴西黑黄檀。

分布：欧洲和亚洲的部分地区。

材色：从灰色、米黄色到粉红色、棕色。

结构：细且均匀。

纹理：纹理直或弯曲，但不交错。

硬度：中等。

密度：中等偏大，40 lb/ft^3（640 kg/m^3）。

强度：中等，且弯曲性好。

干燥和稳定性：易干燥，但宜缓慢干燥。干燥后形变幅度中等。

利用率：低。

板材宽度范围：理论上较宽，但往往有限，因为原木直径并不总是很大，且边材占比较大。

板材厚度范围：为了后续的应用更灵活，在不需要制作木皮时，核桃木往往切厚板，这是合理的。

耐久性：中等，易遭虫害。

加工性能

核桃木是最容易加工的木材之一，特别适合雕刻和木旋，而且很容易备料、胶合和做表面处理。

切削：剔除边材会耗费不少时间，但从经济上来衡量是值得的，以充分利用优质的心材。核桃木刨削、切割性能很好，偶有轻微撕裂，通常发生在节子周围。

成形：可以得到极整齐的边角。

拼接：胶合性好，握钉力好，且无须预先钻孔。

表面处理：适于各种表面处理方式，表面光泽柔和。

变化

核桃木的树杈和树瘤特别适合制作木皮，也有很多无特殊花纹的浅色核桃木用于制作木皮。来自意大利的安科纳胡桃木很有名气，花纹非常漂亮。

可持续性

该树种被IUCN列为近危等级。有大量无用的边材，高品质的心材价值高，除非特别需求和树木足够大，否则不应砍伐。

可获得性

核桃木供应量很少，所以价格较贵。

主要用途	室内用材 制作家具	装饰用材 用于木旋和雕刻， 以及制作木皮
	日常用材 制作盒子	

新西兰茶树*Kunzea ericoides*

卡奴卡Kunzea

优点
- 坚固耐用
- 柚木的替代品

缺点
- 难以获取

一款美丽的木材

据说，库克船长是第一个用新西兰茶树叶子泡茶的人。新西兰茶树树形较小，木材坚韧，外观粗糙，花纹和图案多变。这种木材以前被用于制作棒球棒、桨叶、武器、刀片和轮辐，如今用于烧炭。木材结构细致，纹理直，既耐用又坚固。它与柚木（*Tectona grandis*）或夏栎有一些相似之处。

重要特征

类型： 温带阔叶材。
其他名称： 麦卢卡。
分布： 新西兰。
材色： 棕色到深棕色，带有深色条纹和树胶囊。
结构： 细，但整体不均匀。
纹理： 通常直纹。
硬度： 中等，有不错的光泽度。
密度： 中等偏大，45 lb/ft^3（720 kg/m^3）。

可持续性和可获得性

不是一种用材树，主要用于收获树叶，所以可用的木材只能来自打算砍伐和需要更新的树木。这种木材并不容易找到，但价格不会特别贵。

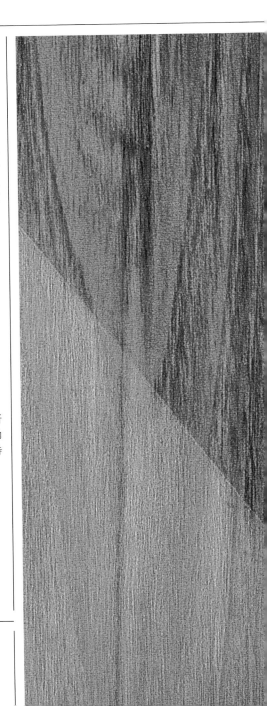

主要用途

 室内用材
制作家具

 技术用材
制作车轮部件

细木工材
用于室内装修

 日常用材
制作工具手柄

毒豆木 *Laburnum anagyroides*

金链花Laburnum

优点
- 心材深金棕色
- 结构较细，质地光滑
- 迷人的花纹

缺点
- 仅能提供小规格材
- 易开裂和碎裂

长有"牡蛎"的小树

　　因为是小乔木，毒豆木仅能提供小规格材，但其心材颜色独特，切开后很快会变暗成金黄色，因此值得拥有。心材适合木旋，但主要是利用其横切产生的独特牡蛎纹理制作木皮。木材端面易开裂，干燥时要小心。其花纹很像非洲崖豆木（*Millettia laurentii*）。

重要特征

类型：温带阔叶材。

其他名称：金链树。

分布：欧洲。

材色：边材色浅，心材黄绿色，可逐渐变为金黄色。

结构：中等偏细，均匀。

纹理：直纹。

硬度：中等偏大。

密度：大，52 lb/ft^3（832 kg/m^3）。

可持续性和可获得性

　　毒豆木通常只用来制作木皮。可以从正在砍伐毒豆木的人那里收购。对这种木材的商业需求很少。

主要用途　**室内用材**
制作家具

奢侈品与休闲用材
制作枪托

细木工材
用于室内细木工

欧洲落叶松*Larix decidua*
欧洲落叶松European larch

优点	缺点
·耐久性和韧性强	·有节子
·直纹，结构均匀	·易开裂
·花纹显著	

一款条纹均匀、有许多同类树种的针叶材

像许多软木一样，欧洲落叶松的特点是年轮明显，有深红棕色的晚材带。木材结构在针叶材中比较均匀。硬度也较大，强度较高，所以是一些细木工和结构部件的首选用材。常作电线杆和坑木用材。加工时要注意木材的节子和开裂。

重要特征

类型： 温带针叶材。

相似树种： 粗皮落叶松（*L. occidentalis*）、北美落叶松（*L. laricina*）、西伯利亚落叶松（*L. russica*或*L. sibirica*）、日本落叶松（*L. kaempferi*或*L. leptolepis*）。

分布： 欧洲。

材色： 浅棕色和深红棕色的交替条带，整体橙红色。

结构： 细而均匀。

纹理： 直纹。

硬度： 在针叶材中较大。

密度： 中等，在针叶材中较大，37 lb/ft^3（592 kg/m^3）。

可持续性和可获得性

在欧洲有经过认证的资源，这确保了针叶林具有一定程度的生物多样性。欧洲落叶松的生长未受到威胁，木材可以安全使用。价格中等。

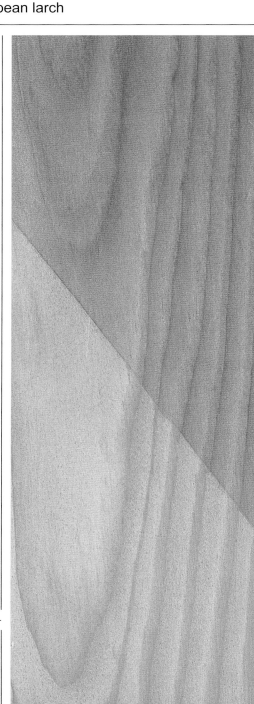

主要用途 **建筑用材**
用于建筑和坑木、电线杆的制作

 细木工材
制作户外木制品

粗皮落叶松*Larix occidentalis*

西部落叶松Western larch

优点
- 直纹
- 价格中等

缺点
- 易开裂
- 难干燥

堪比冷杉的极好的落叶松

　　粗皮落叶松，俗称西部落叶松，易与北美黄杉（*Pseudotsuga menziesii*）混淆。木材纹理通直，缺陷很少，耐久性好（特别是在防腐剂处理后），是理想的建筑用材。主要问题是易开裂，所以很少用钉子，而多用螺丝连接。胶合性好。纤维性使木材加工有些困难。

重要特征

类型：温带针叶材。
其他名称：杜松、山地落叶松。
相关树种：北美落叶松、西伯利亚落叶松（*L. sibirica*）。
分布：美国西北部、加拿大。
材色：心材红棕色，边材狭窄而色浅。
结构：在软木中较粗，浅色的早材和深色的晚材差异显著。
纹理：直而细密。
硬度：中等偏下，耐久性中等。
密度：中等，36 lb/ft^3（576 kg/m^3）。

可持续性和可获得性

　　使用和种植广泛。有经过认证的木材资源，供应量大。

主要用途　 **建筑用材**
制作电线杆

 细木工材
用于室内装修

北美鹅掌楸*Liriodendron tulipifera*

北美鹅掌楸Tuliptree

优点
- 结构细而均匀
- 直纹
- 轻型结构用材
- 蜂蜜色

缺点
- 耐久性差
- 偏软，纤维丰富
- 边材易遭受虫害

一款优于许多针叶材的实用阔叶材

许多木匠喜欢用阔叶材制作各种木制品，同时选用次等木材制作箱体的隐蔽部件或框架结构。北美鹅掌楸木材细腻均匀，价格相对低廉，能够满足这方面的要求。

重要特征

类型： 温带阔叶材。

其他名称： 美国白木、北美百合树（*Tulip poplar*）。

替代树种： 各种贝壳杉（*Agathis* spp.）、红桤木（*Alnus rubra*）、纸桦、狭叶南洋杉、南洋杉（*Araucaria cunninghamii*）。

分布： 北美和欧洲。

材色： 乳白色，带绿色、棕色、红色甚至蓝色条纹，日久可以变成蜜棕色。

结构： 细而均匀。

纹理： 直。

硬度： 小，纤维质材质。

密度： 中等，31 lb/ft^3（496 kg/m^3）。

强度： 中等。

干燥和稳定性： 干燥良好、快速，

且无损坏；稳定性好。

利用率： 边材可能宽裕。如果需要没有彩色条纹或边材的木材，利用率会很低，其他情况下利用率高。

板材宽度范围： 全尺寸供应。

板材厚度范围： 全尺寸供应。

耐久性： 差。边材易遭受虫害。户外使用耐久性差，防腐处理后耐久性较好。不宜接触地面使用，因为易腐烂。

加工性能

很多人认为北美鹅掌楸质地偏软，易于切割和刨削，胶合性和容错性好。它比许多针叶材更稳定，也没有早晚材差异显著的弊端。

切削： 容易。很容易刨平，且不易变形。

成形： 硬度不足，无法得到与较硬的阔叶材同等精度的复杂轮廓，但边角仍可保证整齐，制作榫头件容易。

拼接： 胶合性好。

表面处理： 效果好，相对于自身的硬度，处理后的表面光泽还不错。刨削后板面可能产生一些毛刺，需要进行打磨。

变化

用于制作胶合板。

可持续性

这种木材值得鼓励使用，因为它的树木生长十分迅速。虽然北美鹅掌楸的生存没有受到威胁，但其相关物种鹅掌楸（*Liriodendron chinense*）已被IUCN列为近危等级。

可获得性

北美鹅掌楸较为便宜，相对容易获得，它在硬度、稳定性和强度上与许多针叶材相当。

主要用途		
装饰用材 雕刻和制模	**室内用材** 制作木门	
细木工材 用于普通细木工	**奢侈品与休闲用材** 制作玩具	

虎斑楝*Lovoa trichilioides*
非洲核桃木African tigerwood

优点
- 价格实惠
- 可替代核桃木或桃花心木

缺点
- 强度和耐久性一般
- 可能濒危
- 供应量有限

既像核桃木也像桃花心木的阔叶材

　　虎斑楝被一些木匠称为条纹核桃木或非洲核桃木，但实际上，它并不属于核桃科，而是与桃花心木一样属于楝科。即使没有斑马木那样均匀的条纹，虎斑楝仍然具有迷人的颜色和纹理。虎斑楝材色浅棕色至暗蜜蜡色，带有不规则的深色细线，以及一些黄色斑点。表面处理后，木材会像全息图像那样闪闪发光，在光线下移动时颜色会随之改变。无论是弦切还是径切，板面上的黑色细线都颇具特色。

重要特征

类型： 热带阔叶材。
其他名称： 条纹核桃木、非洲核桃木。
替代树种： 核桃木、各种桃花心木、圭亚那饱食桑。
分布： 中非和西非。
材色： 棕黄色至深蜜蜡色。
结构： 多变，通常中等。
纹理： 通常直纹或轻微弯曲，局部交错。
硬度： 中等。
密度： 中等，35 lb/ft^3（560 kg/m^3）。

强度： 在硬木中属于中等。
干燥和稳定性： 干燥性好，脆心材干燥过程中有开裂倾向。干燥后形变幅度中等。
利用率： 高。
板材宽度范围： 不同供应商之间差别很大，通常供应范围较广。
板材厚度范围： 有限，但有厚板供应。
耐久性： 对虫害和腐蚀均有一定的抵抗力。

加工性能

　　正如其许多特征所反映的那样，虎斑楝是一种相当普通、比较经济的木材，可以作为核桃木或桃花心木老料的替代品，至少可以用来制作隐藏部件。虽然纹理有些交错，但并不难加工。

切削： 切削性好。在纹理交错区域，建议减少进刀量或切削角度。
成形： 易于铣削和旋切，但粉尘较多。
拼接： 胶合性好，拼接后不易形变。
表面处理： 使用任何表面处理产品的效果都很好。

变化

　　径切板上有黑色细线显现，可以形成有趣的图案。

可持续性

　　在一些非洲国家，虎皮楝被IUCN列为易危等级。经过认证的木材资源很少。

可获得性

　　在一些专业的进口木材供应商那里可以获得不同宽度、厚度的虎斑楝板材，其价格仅比某些针叶材贵一点。

主要用途			
日常用材 制作公共设施		**室内用材** 制作地板	
装饰用材 制作木皮、木旋制品		**奢侈品与休闲用材** 制作枪托	

大花木兰 *Magnolia grandiflora*
广玉兰 Southern magnolia

优点
- 材性稳定，易加工
- 结构均匀
- 纹理直

缺点
- 色彩单调
- 供应量小
- 有些矿物线

略带绿色的稳定阔叶材

大花木兰是密西西比州的州树，材质特别稳定，加工容易且精确，是制作百叶窗、百叶窗板条和装饰条的理想选择。此外，也用于家具制造。木材易加工，涂饰性好，易干燥，但耐久性差。带有矿物线的原木常用来制作木皮。大花木兰的木材在外观、用途上与北美鹅掌楸非常相似，只是硬度更大，颜色更为均匀。

重要特征

类型： 温带阔叶材。

其他名称： 木兰、蝙蝠树、洋玉兰、大月桂木兰、山木兰、荷花玉兰。

相关树种： 白背玉兰（*M. virginiana*）。

分布： 美国。

材色： 浅棕色或稻草色，带绿色色调，偶尔夹杂紫色条纹；边材窄，黄色。

结构： 中等粗细，均匀。

纹理： 直纹。

硬度： 很大，强度较高。

密度： 中等，35 lb/ft^3（560 kg/m^3）。

可持续性和可获得性

大花木兰价格不贵，从批发商那里更容易找到。没有经过认证的木材资源，也没有证据表明该物种的生存受到威胁。不过，许多品种的木兰被IUCN列为易危或濒危物种，所以要确认你所购买的木材品种。

主要用途

 装饰用材
制作薄板条和装饰条

 室内用材
制作地板、量产家具

 细木工材
用于室内装修

欧洲野苹果*Malus sylvestris*

苹果木Apple

优点
- 樱桃木的色泽

缺点
- 性脆
- 稳定性差
- 易磨损刀具

少见的果树木材

一些果树木材，特别是黑樱桃（*Prunus serotina*）、甜樱桃（*P. avium*）等樱桃木和西洋梨木（*Pyrus communis*），木材材质细腻光滑，具有诱人的花纹和颜色。虽然欧洲野苹果的材色与这些木材有些相似，但很多材性与它们并不相同：花纹不清晰，颜色有些浑浊，木材虽硬，但表面摸起来有些毛糙。欧洲野苹果木很难加工，易磨损刀具，稳定性不太好，干燥困难；不过，适合雕刻和木旋加工。因具有波浪纹理且硬度足够，可用于制作工具手柄。木材较脆，不适合弯曲加工。

重要特征

类型：温带阔叶材。

其他名称：小苹果。

相关树种：湖北海棠（*M. hupehensis*）、多花海棠（*M. floribunda*）、欧洲苹果（*Pyrus malus*）。

分布：美国、欧洲和亚洲西南部。

材色：浅棕色到粉红色，有时具不规则深色条纹，心材和边材的差别不明显。

结构：细且均匀。

纹理：波浪纹。

硬度：大。

密度：中等偏大，45 lb/ft^3（720 kg/m^3）。

可持续性和可获得性

欧洲野苹果木不容易从伐木场或木材专业供应商处买到，通常只能从当地的果园获得。产量少，只能用来制作木皮或木旋坯料。其生存没有受到威胁，但由于商业化程度很低，不足以获得认证。

主要用途 **装饰用材**
用于木旋、雕刻和制作木皮

 日常用材
制作工具手柄

黑毒漆木*Metopium brownii*

黑毒漆木Chechen

优点
· 硬度和密度大
· 漂亮的条状花纹
· 诱人的深红棕色

缺点
· 易撕裂
· 供应量有限

树皮有毒的核桃木替代材

　　黑毒漆木材色呈深红棕色，具有波浪状条纹，美观漂亮，类似桃花心木老料。树木可高达50 ft（15.2 m），生长在中美洲，特别是墨西哥。木材没有被广泛开发利用，可能是因为树皮和汁液有毒。毒素效果与毒漆藤相同，幸运的是木材无毒。

重要特征

类型： 热带阔叶材。
其他名称： 洪都拉斯核桃木、黑毒木。
替代树种： 巴西黑黄檀。
分布： 中美洲和墨西哥。
材色： 暗红棕色，有深浅不一的条纹。
结构： 中等偏细。
纹理： 直纹，有轻微弯曲，偶尔交错。
硬度： 大。
密度： 大，53 lb/ft^3（848 kg/m^3）。
强度： 高。
干燥和稳定性： 干燥性好，干燥后非常稳定。
利用率： 高。缺陷很少，但有颜色对比鲜明的黄色边材。

板材宽度范围： 很广，但多变。
板材厚度范围： 很广，但多变。
耐久性： 在中美洲常被用于建筑工程，可见它具有一定的天然耐久性。

加工性能

　　黑毒漆木并不常用，也没有大规模的商业性砍伐和加工，因此对其加工性能知之甚少。看起来很难加工，但实际上切割和刨削效果都很好。它的树皮有毒，但通常认为木材的粉尘没有毒性。

切削： 容易切削，但较易劈裂。木材很硬，但不易磨损刀具。
成形： 易铣削，可以获得清晰的轮廓，因为它的纹理细且均匀。
拼接： 胶合性好，使用钉子和螺丝时需要预先钻孔。
表面处理： 抛光后光泽度高。

变化

　　弦切板的侧面通常具有好看的花纹，加上浓郁的红棕色，使其看起来很像红木。

可持续性

　　现在已有经过认证的资源。这是一种不为人熟悉的新树种，应该鼓励使用经过认证的木材，以促进对存量丰富的热带树种木材的利用。

可获得性

　　价格中等，但可能需要从专业的进口阔叶材供应商处获得。

主要用途	**室内用材** 制作家具	**奢侈品与休闲用材** 制作乐器
	装饰用材 制作木旋制品	

小鞋木豆 *Microberlinia brazzavillensis*

斑马木 Zebrawood

优点
- 条状花纹
- 表面处理效果好
- 硬度和密度大，稳定性好
- 可用于制作木皮

缺点
- 价格偏贵
- 木皮易卷曲
- 有不同的密度带（材质不均匀）

具有独特条纹的热带阔叶材

　　小鞋木豆在欧洲、美国被称为斑马木。其深浅交替的棕色条纹在径切板面上呈平行的直条纹，在弦切板面上则呈美丽的波浪状花纹。遗憾的是，条纹的密度和颜色变化较大，且木材纹理多有交错，使加工变得困难。

重要特征
类型： 热带阔叶材。
其他名称： 乌金木。
相关树种： 几内亚小鞋木豆（*M. bisulcata*）。
替代树种： 赛鞋木豆。
分布： 西非。
材色： 棕黑色线条与浅棕色至棕色的条带相互映衬。
结构： 中等偏粗糙，不是特别均匀。
纹理： 看起来是直纹，但多有交错和弯曲。
硬度： 深浅色条带不同。
密度： 中等偏大，46 lb/ft^3（736 kg/m^3）。

强度： 高。
干燥和稳定性： 干燥中易扭曲和开裂，但干燥后稳定。
利用率： 高。
板材宽度范围： 很广，但多变。
板材厚度范围： 取决于库存，很可能有限。
耐久性： 好。

加工性能

　　因木材深浅色带的密度不同，增加了加工难度。其他方面没有问题。

切削： 如果很难刨平，可以选择打磨。
成形： 可以铣削出清晰的轮廓。
拼接： 胶合前最好先进行测试；拼接后形变幅度很小。
表面处理： 需要大量的打磨，但光泽良好。

变化

　　小鞋木豆最常见的利用方式是制作径切木皮，以展示它的条状花纹。要确保将木皮压平，因为它有卷曲的趋势。

可持续性

　　小鞋木豆被IUCN列为易危树种。一般用来制作木皮。

可获得性

　　易从进口阔叶材供应商处获得，但板材的宽度和厚度可能有限。不同规格的板材价格各不相同，不过可能没有你想象的那么贵。

主要用途	装饰用材
	制作装饰条和木皮，用于雕刻、木旋和镶嵌细工

非洲崖豆木*Millettia laurentii*
鸡翅木Wenge

优点
- 硬度大，强度高
- 花纹独特
- 颜色浓郁

缺点
- 涂饰困难
- 纹理结构粗
- 干燥时易开裂

一款涂饰前更加美丽的阔叶材

非洲崖豆木是一种不寻常的木材，它纹理结构非常粗糙，但均匀，且非常坚固，常用于制作地板，有时也用于制作工作台面。它与斯图崖豆木（*M. stuhlmannii*）同属，均以直纹以及深棕色和浅色交替的条带为特点，给人特别的外观和感觉。未经表面处理的表面更加美丽，因为处理后深浅交替的条纹会在颜色上趋于一致。在中国，这种木材被称为鸡翅木。

重要特征

类型： 热带阔叶材。

其他名称： 劳氏崖豆。

替代树种： 斯图崖豆木。

分布： 中非。

材色： 深棕色，间以浅棕色条纹（表面处理后会变暗）。

结构： 粗而均匀。

纹理： 一般是直纹。

硬度： 非常大。

密度： 大，55 lb/ft^3（880 kg/m^3）。

强度： 非常高，可以弯曲。

干燥和稳定性： 需缓慢干燥以防止板材损坏。干燥后稳定。

利用率： 中等，有一些边材和树胶囊，但其他缺陷很少。

板材宽度范围： 全尺寸供应。

板材厚度范围： 应该比较广。

耐久性： 非常耐腐、耐虫蛀。

加工性能

非洲崖豆木的花纹使它看起来似乎难以加工。但事实并非如此，这种木材被广泛用于制作家具和地板。

切削： 刨削表面非常光滑。

成形： 由于纹理结构粗糙，木材易撕裂，不易获得整齐的边角，但木材质地均匀，也很坚硬。

拼接： 使用钉子和螺丝时需要预先钻孔；胶合应该没有问题。

表面处理： 涂层不够均匀，因为深浅不同的纹理区域渗透性不同。

变化

径切板侧面和弦切板侧面的纹理几乎没有差别。

可持续性

据报道，非洲崖豆木已被IUCN列为濒危物种。没有证据表明有经过认证的木材资源。

可获得性

非洲崖豆木比斯图崖豆木更贵，但在热带阔叶材中价格算中等。非洲崖豆木并未得到广泛使用，但在地板行业越来越受欢迎，这可能是其最容易的获取途径。

主要用途 **室内用材**
制作家具、地板和工作台面

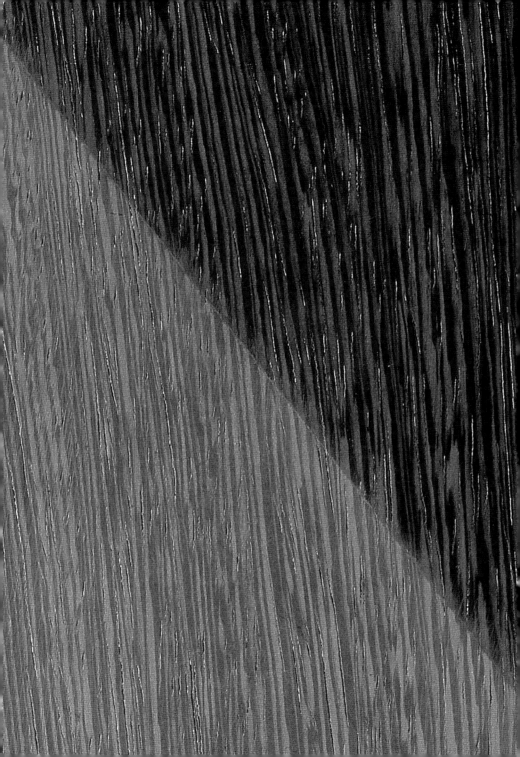

常绿假水青冈*Nothofagus cunninghamii*
塔斯马尼亚桃金娘Tasmanian myrtle

优点
- 漂亮的红色
- 结构均匀，质地光滑
- 用途广

缺点
- 有交错纹理
- 稳定性差

用途广泛的粉色阔叶材

常绿假水青冈与另一种重要的澳大利亚阔叶材边缘桉十分相似：材色微红，并能随着时间的推移逐渐加深，光泽佳，木材结构均匀，质地光滑，具有有趣的花纹，以及因木射线形成的斑点。木材相对容易加工，美中不足的是，有一些交错纹理，存在轻微的形变。胶合不易，最好预先进行测试；握钉力较好。

重要特征

类型： 温带阔叶材。

其他名称： 塔斯马尼亚水青冈、澳大利亚水青冈、桃金娘水青冈。

类似树木： 边缘桉。

分布： 澳大利亚。

材色： 浅红棕色，日久会变深至暗红棕色，边材窄而色浅。

结构： 细而均匀。

纹理： 直纹或波浪纹，兼有交错纹，木节和其他缺陷较多。

硬度： 中等偏大。

密度： 中等偏大，45 lb/ft^3（720 kg/m^3）。

可持续性和可获得性

常绿假水青冈木材很少出口到北美，价格中等偏上。这个树种的生存似乎没有受到威胁，但同属的其他树种有的被列为濒危，甚至极危，所以购买时应注意。

主要用途

 室内用材
制作家具

 装饰用材
制作木旋制品

 细木工材
用于室内装修

银假水青冈 *Nothofagus menziesii*

银叶山毛榉 New Zealand silver beech

优点
· 纹理通直
· 结构细而均匀

缺点
· 耐久性差
· 易遭受虫害
· 防腐处理困难

来自新西兰的水青冈

银假水青冈是分布于新西兰的3种假水青冈属树种之一，其他两种分别是红假水青冈（*N. fusca*）和硬假水青冈（*N. truncata*）。这三种树种都不是真正的水青冈。银假水青冈木材易干燥，形变较小，使用中略有形变，易加工，除非遇到不规则的纹理（此时建议减小切削角度）。原木可用于制作胶合板木皮或家具和镶板用的装饰木皮。3种假水青冈木材胶合性好，染色及其他涂饰效果好，但是防腐处理困难。银假水青冈耐久性差，而红假水青冈和硬假水青冈耐久性较好；三者都易遭受虫害。

重要特征

类型：温带阔叶材。
其他名称：南部假水青冈。
相关树种：红假水青冈、硬假水青冈。
分布：新西兰。
材色：心材粉棕色，材色均匀。
结构：细而均匀。
纹理：直纹，有时扭曲。
硬度：中等。
密度：中等，33 lb/ft^3（528 kg/m^3）。

可持续性和可获得性

银假水青冈在新西兰以外的地方较难获得。虽然该树种没有面临生存威胁，但老树的砍伐在新西兰仍受到严格控制。有经FSC认证的银假水青冈木材供应。因有其他假水青冈属的树种被列为濒危，甚至极危状态，所以购买时应注意。

主要用途

 室内用材
制作家具和地板

 装饰用材
制作木皮和木旋制品

 细木工材
制作普通细木工制品和装饰件

海洋用材
造船

 建筑用材
用于普通建筑

轻木 *Ochroma pyramidale*
巴尔沙木Balsa wood

优点
- 密度极小
- 用小刀就能切削
- 浮力大
- 相对于自身密度强度很高（强重比大）

缺点
- 脆弱
- 花纹平淡，材色一般
- 价格昂贵

使用边材的模型木材

轻木是为数不多使用边材的商用树种之一，它的重要特点是浮力大、轻便、易于使用和加工，特别适于制作模型。轻木生长迅速，5年即可高达60 ft（18.3 m），但是树木和木材也很容易受到破坏。

重要特征

类型：热带阔叶材。

其他名称：巴沙木拉格普斯轻木、异色轻木和软木。

分布：西印度群岛、中美洲和厄瓜多尔。

材色：米黄色，略带粉红色。

结构：中等偏粗，但均匀。

纹理：无明显纹理。

硬度：非常小。

密度：非常小，10 lb/ft³（160 kg/m³）。

强度：脆弱易碎，强重比大。

干燥和稳定性：因新材含水率很高，开始时难以干燥，即使需要快速干燥，也不能过热。干燥后稳定。

利用率：高。加工时要小心。几乎没有缺陷，且轻木商用材质量普遍很好。小心碰撞，不要用力挤压，以免木材表面留下压痕。

板材宽度范围：全尺寸供应。

板材厚度范围：全尺寸供应。

耐久性：差。

加工性能

轻木没有明显的纹理，只要工具足够锋利，就不会压碎木纤维，也不会产生明显的撕裂，雕刻线条十分美丽。

切削：刀刃必须锋利，否则木材表面可能起毛。

成形：只要避免挤压碰撞，就可以获得整齐的边角。实际上，边角需要预防的是磕碰。

拼接：胶合性好，但是握钉力弱；拼接后非常稳定。

表面处理：轻木光泽度好，但要获得好的表面处理效果也不容易。

变化

心材浅棕色，但很少使用。

可持续性

轻木没有濒危风险。

可获得性

轻木的供应量很小，主要用于模型制品。相比其他木材，其价格较贵。

主要用途	海洋用材 制作浮力制品	装饰用材 用于雕刻
	技术用材 制作轴承和滑轮	奢侈品与休闲用材 制作模型

绿心樟 *Chlorocardium rodiei*

绿心木 Greenheart

优点

- 密度和硬度大，强度高
- 在水中很耐久

缺点

- 难干燥，稳定性差
- 加工困难
- 有一定毒性

坚硬的海港码头用材

绿心樟不是一种特别吸引人的木材，但其极好的天然耐久性和极高的硬度引起了关注，并因此成为海港码头工程的首选用材，也常用于造船，制作甲板、桥梁等。木材强度惊人，很难加工，但特别适合不需要完全干燥的环境，比如水下，即使表面处理不完善也没关系。

重要特征

类型： 热带阔叶材。

替代树种： 愈疮木。

分布： 圭亚那和委内瑞拉。

材色： 绿色、黄色、深棕色或橄榄绿色。

结构： 细且均匀。

纹理： 直纹或交错纹。

硬度： 非常大。

密度： 非常大，64 lb/ft^3（1024 kg/m^3）。

强度： 极高。

干燥和稳定性： 干燥宜缓慢，易开裂；干燥后稳定性中等。

利用率： 因为可能开裂及其他缺陷，所以对于精细木工，木材利用率会比较低；如果用于海港码头工程，这些缺陷影响就不大了。

板材宽度范围： 较广，取决于可获得性。

板材厚度范围： 较广，取决于可获得性。

耐久性： 极好。

加工性能

不易加工。除了耐久性极好，另一个真正实用的方面是经过一番努力后，可以获得非常光滑的表面。

切削： 易钝化刀具；交错纹理区域易撕裂。

成形： 绿心樟易撕裂，同时因粉尘有毒，加工时要非常小心。

拼接： 使用钉子和螺丝时需要预先钻孔。胶合前也要预先测试，以找到最佳的胶合方式。

表面处理： 饰面光亮，表面光滑，且抛光效果极佳。

变化

绿心樟在材色上变化非常大，且没有规律。

可持续性

有经过认证的绿心樟木材资源。

可获得性

因为绿心樟不是常用的木工用材，所以使用并不广泛；可以通过专业的进口木材供应商和专业木材厂获得。有些绿心樟属的树种被列为濒危或易危树种，所以应确认所购木材的树种名称。

主要用途

 海洋用材
建设海岸工程、造船

 建筑用材
用于一般建筑

 室内用材
制作地板

 户外用材
制作甲板

赛鞋木豆*Paraberlinia bifoliolata*

红乌金木Beli

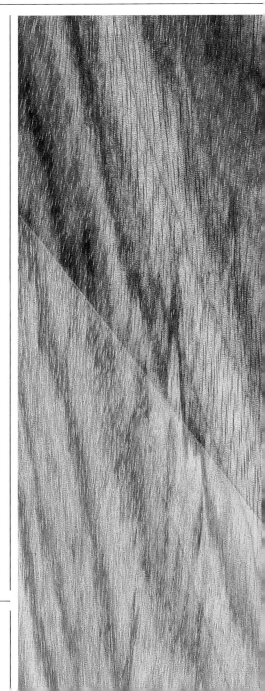

优点
- 壮丽的花纹
- 可代替斑马木

缺点
- 纹理结构不均匀
- 供应量不大

带有视觉冲击力的斑马条纹

在径切板面上有深棕色和浅棕色交替的平行纵向条纹，很容易与斑马木混淆。事实上，赛鞋木豆通常作为斑马木的替代品进行销售，不是因为它更便宜，而是因为它更易获得。材色不均匀，深色条纹在弦切板面呈现为不规则的山水波浪状花纹。近距离观察，木材表面常有闪亮的斑点，偶尔还存在树胶囊。该木材的最佳用途是制作木皮。总的来说，赛鞋木豆是一款有特色的木材。

重要特征

类型：热带阔叶材。
其他名称：热非豆。
分布：西非。
材色：浅棕色和深棕色相间的条状花纹，越靠近树心颜色越深。
结构：中等偏粗。
纹理：看似通直，实则有很多交错纹理。
硬度：中等。
密度：大，50 lb/ft^3（800 kg/m^3）。

可持续性和可获得性

赛鞋木豆不是易危树种，应该有经过认证的木材资源，但它的使用并不广泛；价格也不是很贵。

主要用途　 **室内用材**
制作家具

 日常用材
制作工具手柄

 装饰用材
制作镶板和橱柜
用木皮

赛黄钟花木 *Paratecoma peroba*

白盾籽木White peroba

优点
- 耐久性好
- 醒目的斑状花纹
- 光泽度高

缺点
- 不易加工
- 多交错纹理

斑驳且耐用的橄榄色阔叶材

由于加工时粉尘量大，且粉尘和碎屑可能引发皮肤过敏（据说具有毒性），所以赛黄钟花木不是一种受人喜爱的木材。木材光泽度高，可以获得漂亮光滑的表面，但是交错纹理的存在使木材的机械加工变得困难。干燥比较容易，干燥后形变幅度中等。木材的天然耐久性非常好。

重要特征

类型：热带阔叶材。

其他名称：金色盾籽木。

分布：巴西。

材色：蜂蜜色到橄榄棕色，带有深色条纹和射线斑纹，还有一些深色的树胶囊。

结构：细而均匀。

纹理：交错纹或波浪纹为主，径切面上常有斑状银光花纹。

硬度：大，强度高，弯曲性好。

密度：中等偏大，47 lb/ft^3（752 kg/m^3）。

可持续性和可获得性

赛黄钟花木材供应量少，可以找到，但颇费功夫。该树种未被列入濒危树种名录。其价格在阔叶材中属于中等。

主要用途

 室内用材
制作地板、橱柜

 装饰用材
制作木皮、木旋制品

 细木工材
制作镶板

 海洋用材
建设海岸工程

 户外用材
制作甲板、平台地板

紫心苏木*Peltogyne* spp.
紫心木Purpleheart

优点
- 浓郁的紫色
- 强度高，硬度大
- 密度大

缺点
- 不易加工
- 供应量不大
- 多交错纹理
- 有开裂倾向

诱人的紫色阔叶材

紫心苏木属的各种木材都被称为紫心木，主要的树种有短柔毛紫心苏木（*P. pubescens*）、毛紫心苏木（*P. porphyrocardia*）和具脉紫心苏木（*P. venosa*）。这些木材的心材都呈紫色，且材色和纹理均匀，径切板和弦切板的侧面纹理差异很小，偶具稍深的条纹。木材的颜色和质地十分均匀。木材暴露在空气中日久会变为深棕色。

重要特征

树种类型：热带阔叶材。

其他名称：短柔毛紫心苏木、毛紫心苏木、具脉紫心苏木、密花紫心苏木（*P. confertiflora*）、圆锥紫心苏木、紫红紫心苏木（*P. purpurea*）。

替代树种：边缘桉、非洲紫檀（*Pterocarpus soyauxii*）。

分布：热带南美洲和中美洲。

材色：紫色。

结构：中等粗细。

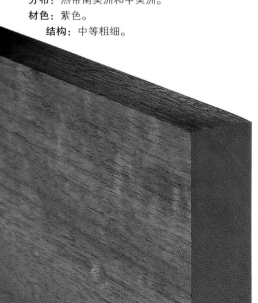

纹理：多变，兼有直纹、波浪纹和交错纹。

硬度：大。

密度：大，58 lb/ft^3（928 kg/m^3）。

强度：高，不易弯曲。

干燥和稳定性：稳定性好，但干燥宜缓慢，易开裂。

利用率：中等；注意开裂。

板材宽度范围：可能有限。

板材厚度范围：可能有限。

耐久性：非常好。

加工性能

紫心木渗出的树胶会阻碍切割。因具树胶类沉积物和木材坚硬，易钝化刀刃。切削速度宜慢，注意纹理交错区域可能产生的撕裂。

切削：易钝化刀具。

成形：材质坚硬，纹理均匀，可以获得整齐的边角和清晰的轮廓。

拼接：胶合性好，使用钉子和螺丝时需要预先钻孔。

表面处理：在进行处理之前，建议使用边角料先进行测试，因为有些涂料会使紫色变淡；处理后表面光泽较好。

变化

可以从木材中提取染料，用于纺织面料的染色。

可持续性

尚未被列为易危树种，但应注意最新的动态。有经认证的紫心木资源，但使用并不广泛。

可获得性

不易找到，价格变化大，从中等到昂贵不等。

主要用途			
	室内用材 制作地板		日常用材 制作工具手柄
	装饰用材 制作木旋制品以及橱柜和镶板用的木皮		奢侈品与休闲用材 制作台球桌和球杆

大美木豆 *Pericopsis elata*
非洲红豆木 Afrormosia

优点
- 柚木的绝佳替代材
- 纹理结构细且均匀
- 材色温润

缺点
- 濒危

稀缺柚木的替代品

　　来自西非的大美木豆曾经是柚木的绝佳替代木材，因过度开发，导致其如今处于濒危状态。大美木豆具有许多柚木的特性，多年来一直被用作东南亚经典柚木的替代品，但现在已被列为濒危树种，其国际贸易受到限制。

重要特征

类型： 热带阔叶材。
其他名称： 非洲红豆树（*Afrormosia elata*）、非洲缎木（*African satinwood*）、非洲柚木（*African teak*）。
替代树种： 柚木。
分布： 西非。
材色： 棕色，新切材黄色或橙色，但是颜色会很快变深。有蓝变倾向。
结构： 细而均匀。
纹理： 直纹，略具交错纹理。
硬度： 大。
密度： 中等偏大，43 lb/ft^3（688 kg/m^3）。
强度： 高。

干燥和稳定性： 干燥宜缓慢，非常稳定。
利用率： 高。
板材宽度范围： 全尺寸供应。
板材厚度范围： 全尺寸供应。
耐久性： 非常好，但会腐蚀铁器。

加工性能

　　油性不像柚木那么大；表面处理效果好，作为热带阔叶材相对易于加工，所以比柚木更适合制作家具。

切削： 有撕裂风险，但不易碎裂。
成形： 虽有交错纹理，但相对易加工。
拼接： 因木材易开裂，使用钉子和螺丝时需要预先钻孔；胶合性比柚木好。
表面处理： 效果好，可以获得高光泽度。

可持续性

　　大美木豆已从CITES附录 I 移至附录 II，但仍被IUCN列为濒危树种。尚未发现有经过认证的木材资源。

可获得性

　　虽然仍可以买到大美木豆木材，但并不容易。价格昂贵但并非天价。可以尝试回收废旧木材，建议最好不要使用大美木豆。

主要用途

 室内用材
制作家具和地板

 海洋用材
造船

 细木工材
用于室内装修、普通细木工

西加云杉*Picea sitchensis*

西特卡云杉Sitka spruce

优点
- 纹理通直
- 强重比大
- 非常易于加工

缺点
- 户外使用需做防腐处理

声学性能良好的坚固针叶材

西加云杉用途广，易与其他针叶材混淆。西加云杉因具有对琴弦优异的共振性能而闻名，常被用来制作吉他和其他乐器。木材纹理非常直，强重比大。木纤维很长，因此特别适合制浆造纸和制作飞机用胶合板。

重要特征

类型：温带针叶材。

其他名称：银云杉、海岸云杉、潮地云杉、孟席斯云杉、黄云杉。

相关树种：红云杉（*P. rubens*）、黑云杉（*P. mariana*）、恩氏云杉（*P. engelmannii*）、白云杉（*P. glauca*）。

分布：美国西北海岸和加拿大西海岸。

材色：浅稻草色，心材略带粉红色。

结构：中等粗细，均匀，生长迅速时纹理结构会变粗。

纹理：通直。

硬度：中等；强重比大，弯曲性好。

密度：小，26 lb/ft^3（416 kg/m^3）。

可持续性和可获得性

西加云杉是一种速生树种，种植广泛，生存未受到威胁。不过，那些适合制作乐器的高品质木材（通常来自大型老龄树），供应压力在不断增大。有经过认证的木材资源。高品质的西加云杉木材在针叶材中价格较为昂贵，但与稀有的热带阔叶材相比，价格并不算高。

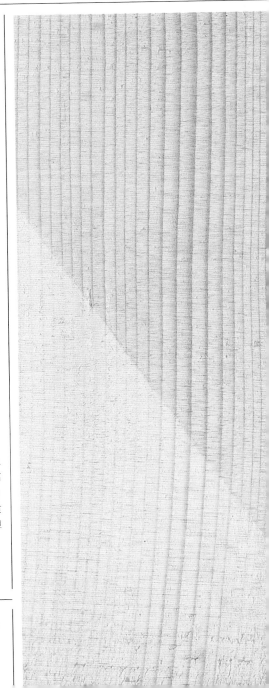

主要用途

 奢侈品与休闲用材
制作乐器

 细木工材
制作胶合板

技术用材
制作梯子、螺旋桨

 海洋用材
制作船桨和桅杆

加州山松*Pinus monticola*

西部白松Western white pine

优点
- 易干燥，稳定性好
- 纹理结构细而均匀
- 易于加工

缺点
- 耐久性差

一款适于室内使用的优质松木

加州山松也称西部白松，易与北美乔松混淆，用途广泛，干燥后稳定，几乎没有形变。这也是软木的重要特性。木材加工性能好，年轮不显著，纹理结构细而均匀，但耐久性差，是室内装修和制作胶合板的绝佳选择。因为易于雕刻，也用来制模，但需要刀具足够锋利。板面可能存在深色的细树脂线，但问题不大，不影响木材的加工。

重要特征
类型：温带针叶材。
其他名称：爱达荷白松。
相关树种：扭叶松（*P. contorta*）。
分布：美国西部和加拿大。
材色：浅黄色，晚材比早材颜色略深。
结构：细而均匀。
纹理：直纹。
硬度：比北美乔松更大，但弯曲性不好。
密度：小，26 lb/ft^3（416 kg/m^3）。

可持续性和可获得性

供应量大，价格不贵，且有经过认证的木材资源。

主要用途 **细木工材**
用于室内装修、
制作胶合板

  装饰用材
制模

长叶松 *Pinus palustris*

长叶松 Longleaf pine

优点
- 花纹明显
- 易干燥，稳定

缺点
- 年轮内早晚材密度差异大
- 材质不均匀增加了加工难度

软硬相间的条带纹针叶材

浅色早材和深橙红色晚材之间迥异的木材密度使得手工和机械加工颇具挑战性。长叶松多用于制作室内外地板和户外装修。

重要特征

类型：温带针叶材。

其他名称：南部黄松、黄松、长叶黄松、佐治亚松。

类似树种：湿地松（*P. elliottii*）、萌芽松（*P. echinata*）、火炬松（*P. taeda*）、加勒比松（*P. caribaea*）和卵果松（*P. oocarpa*）。

替代树种：北美黄杉。

分布：美国南部。

材色：早材浅黄色，晚材深橙红色。

结构：中等粗细。

纹理：直纹。

硬度：中等。

密度：中等偏大，42 lb/ft^3（672 kg/m^3）。

强度：高，但不适合弯曲加工，因为树脂的存在影响了蒸汽对木纤维的软化。

干燥和稳定性：易于干燥，且干燥快速；干燥后稳定，几乎没有形变。

利用率：高。

板材宽度范围：全尺寸供应。

板材厚度范围：全尺寸供应。

耐久性：抗腐蚀性中等，但易遭受虫害。

加工性能

长叶松不是制作家具的首选松木类树种，很大程度上是因为其树脂含量高和明显的早晚材密度差异。但这也赋予了板材好看的花纹，使其非常适合制作面板。

切削：刨削效果好，不过手工横纹刨削时会有麻烦。

成形：应使用锋利的刀具，但是树脂会堆积在刃口，降低铣削精度和效率。可以使用溶剂定期清洁刀具刃口。

拼接：胶合性好，使用钉子和螺丝时不需要预先钻孔。

表面处理：涂饰后光泽好，但因早晚材密度差异显著，所以染色效果一般，染色前应先进行测试。

变化

径切板面会呈现平行条纹；而弦切板面会呈现抛物线形或火焰状花纹。

可持续性

长叶松被IUCN列入易危物种名录。购买时要注意木材是否经过认证。

可获得性

使用广泛，价格实惠。

主要用途

 建筑用材 用于一般建筑

室内用材 制作地板

 细木工材 用于普通细木工和户外装修

户外用材 制作甲板、平台地板

 日常用材 制作实用木制品

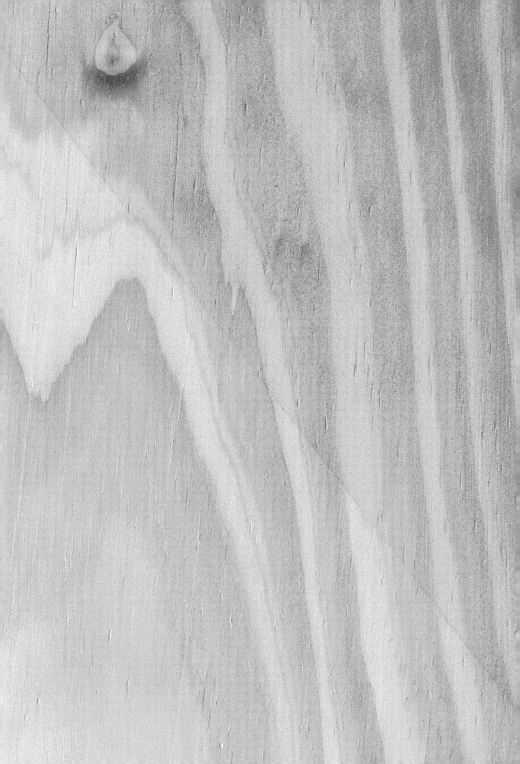

北美乔松*Pinus strobus*
白松White pine

优点
- 易加工
- 易干燥，干燥后稳定
- 结构均匀

缺点
- 强度低
- 耐久性差

易于加工的"更软"的松木
北美乔松俗称白松，与长叶松一样用途广泛；木材不够坚固耐用，主要用于制作细木工制品和室内装修。北美乔松树型十分高大，广泛分布在整个北美地区。过去海员在航海期间通过喝北美乔松针叶冲泡的茶来预防坏血病；木材也曾常用来制作桅杆。

重要特征
类型： 温带针叶材。

其他名称： 东方白松、西方白松和北方白松；黄松（英国）。

类似树种： 北美短叶松（*P. banksiana*）、扭叶松、多脂松（*P. resinosa*）。

替代树种： 异叶铁杉（*Tsuga heterophylla*）。

分布： 北美地区。

材色： 米黄色到浅红棕色，带有一些短而细的深色线条，看起来像树脂线，其实不是。

结构： 均匀，早晚材之间无显著的密度差异。

纹理： 直纹。

硬度： 小。

密度： 小，24 lb/ft^3（384 kg/m^3）。

强度： 不高，不适合弯曲。

干燥和稳定性： 易于干燥，宜快速干燥，干缩很小；干燥后非常稳定。须妥善堆放，否则有蓝变的风险。

利用率： 高。

板材宽度范围： 全尺寸供应。

板材厚度范围： 全尺寸供应。

耐久性： 差。

加工性能
许多松木比想象的要难加工，因为它们的早晚材密度差异显著，当需要横跨年轮刨削时，操作会变得困难。而北美乔松不会出现这种问题，因其结构十分均匀，年轮也不明显。

切削： 刨削效果好，几乎没有撕裂风险。

成形： 总体良好。可精确加工，经常用于制模。

拼接： 胶合性好，易使用钉子、螺丝，但是木材很软，操作时要注意因压力过大留下压痕。

表面处理： 涂饰效果比许多松木都要好，因为表面处理产品在北美乔松木材表面更易分散均匀。年轮的影响不明显，也不易起毛刺。

变化
低质量的北美乔松用于建筑工程、制作包装箱板条和货运托盘。

可持续性
生长迅速，没有生存威胁。

可获得性
使用广泛，价格实惠。

主要用途

 细木工材
用于普通细木工、室内装修和制作胶合板

装饰用材
用于制模和雕刻

 室内用材
制作家具

 奢侈品与休闲用材
制作乐器

 海洋用材
造船

甜樱桃*Prunus avium*
甜樱桃Sweet cherry

优点
- 花纹独特
- 材色温润

缺点
- 不易获得
- 不易干燥，形变幅度中等

一款来自果园、美妙好用的木材

虽然黑樱桃作为桃花心木的替代品备受喜爱，但与它同属的甜樱桃并不是主流的用材树种，可能更多的是在果园，而非森林中种植。虽然甜樱桃花纹独特且材色诱人，但用途不多，产量也有限，主要是因为树木难以长成大材，且板材容易扭曲变形。但它确实具有果树类木材的光滑度和均匀性，是制作装饰件和面板的理想用材，也常用于木旋。

重要特征

类型：温带阔叶材。

其他名称：欧洲甜樱桃、樱桃木、鸟樱桃、欧洲樱桃。

相关树种：稠李（*P. padus*）。

分布：欧洲、亚洲部分地区和北非。

材色：浅棕色或棕色，带有少许粉色。

结构：细而均匀。

纹理：大部分木材纹理直而细密，带有一些细晚材线。

硬度：中等。

密度：中等，38 lb/ft^3（608 kg/m^3）。

可持续性和可获得性

甜樱桃生长范围广，生存未受任何威胁。树木寿命不长，板材大多来自濒死的树木，使用并不普遍。

主要用途   **装饰用材**
用于木旋和制作装饰木皮

 室内用材
制作椅子

西洋李木 *Prunus domestica*

李木 Plum

优点
- 材质均匀细滑
- 可替代樱桃木

缺点
- 只有小规格木材
- 损耗率高
- 不稳定

小直径的果木

果木通常具有质地细腻均匀、手感光滑、纹理均匀细密的特点，西洋李木就是典型的代表。西洋李木与黑樱桃木十分相似，但材色更为丰富；因树木径级小，板材宽度范围十分有限；木材稳定性较差，主要用于木旋。

重要特征

类型： 温带阔叶材。
其他名称： 欧洲李木、普通李木 。
分布： 欧洲、北美洲。
材色： 边材乳黄色；心材棕色，并略带红色或粉色。
结构： 细而均匀。
纹理： 直纹，具有精妙的花纹，早晚材之间几乎没有密度和加工性能的差异。
硬度： 中等。
密度： 中等偏大，45 lb/ft^3（720 kg/m^3）。

可持续性和可获得性

树型不大，寿命也不长，因此木材供应非常有限。作为果树，西洋李被广泛种植，因此没有生存风险。找到西洋李木资源不易，但其价格不是特别昂贵。西洋李木的最佳来源可能是果园。

主要用途

 室内用材 制作椅子

 装饰用材 制作木旋制品

 日常用材 制作工具手柄

黑樱桃*Prunus serotina*

黑樱桃Black cherry

优点
- 纹理结构细而均匀
- 纹理通直
- 易于加工
- 饰面光亮

缺点
- 缺少漂亮花纹
- 价格不断升高

21世纪的木材

黑樱桃木纹理结构细而均匀，材色温润，近年来越来越受欢迎。它拥有许多近似桃花心木（已经很难买到）的特性。黑樱桃木往往有一些脏污的斑块或斑点，不过木材在光照下会很快变暗，从而掩盖了这些缺陷。事实上，正因为黑樱桃木对光照如此敏感，以至于可以用图案模板罩于黑樱桃木上，光照后即可获得所需的图案和明暗效果。

重要特征

类型： 温带阔叶材。

其他名称： 橱柜樱桃木、新英格兰桃花心木、美国樱桃木、朗姆酒樱桃木。

替代树种： 红盾籽木、甜樱桃。

分布： 北美。

材色： 红棕色，曝光后会很快变深。

结构： 细密而均匀。

纹理： 直纹。

硬度： 中等。

密度： 中等，36 lb/ft³（576 kg/m³）。

强度： 高。

干燥和稳定性： 干燥快，形变幅度不大，但干燥后存在持续的小幅形变。

利用率： 高。

板材宽度范围： 全尺寸供应。

板材厚度范围： 全尺寸供应。

耐久性： 中等。

加工性能

黑樱桃木现在是最受木匠欢迎的木材之一，很大程度上是因为其纹理直，质地细腻均匀。花纹一般，材色和触感很好。

切削： 容易，不会钝化刀刃，也不易撕裂。

成形： 铣削效果好，加工精确。

拼接： 胶合性好，钉子和螺丝的连接性好，易拼接。

表面处理： 涂饰后光泽度极好，染色效果好，常用于仿制桃花心木。

变化

虽然在径切板面上有时会呈现类似橡木的射线斑纹，但总的说来，花纹样式比较单一，不够漂亮。

可持续性

黑樱桃木的可持续性不存在问题，有经过认证的木材资源。

可获得性

供应充足，但价格在不断上涨。

主要用途

 室内用材 制作家具

 细木工材 用于优质细木工及装修

 装饰用材 用于木旋和雕刻

 奢侈品与休闲用材 制作乐器

 海洋用材 造船

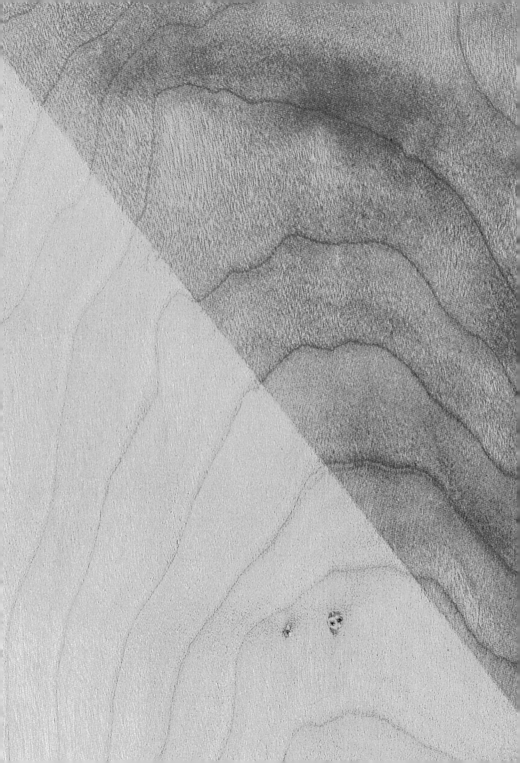

北美黄杉 *Pseudotsuga menziesii*

花旗松 Douglas fir

优点
- 纹理结构均匀
- 花纹显著
- 强度较高

缺点
- 脆弱易碎
- 多木节

花纹显著的高大树木

　　北美黄杉通常被称为花旗松，在欧洲因其树木高大而闻名。木材纹理通直且较稳定，年轮如红崖柏一样紧密，但颜色较浅，纤维性不明显。北美黄杉并不是真正的冷杉（*Abies* spp.），这个名字是由于它与铁杉（*Tsuga* spp.）相似。北美黄杉年轮特别明显，形成引人注目的波浪状花纹，但并未给加工带来麻烦。

重要特征

树种类型：温带针叶材。
其他名称：俄勒冈松。
替代树种：红崖柏。
分布：从加拿大的不列颠哥伦比亚省到美国、墨西哥的西海岸均有分布。
材色：浅黄色早材与明亮的橙红色晚材形成鲜明对比。
结构：中等粗细，均匀。
纹理：直纹，夹杂一些波浪纹。
硬度：较大。

密度：中等，33 lb/ft^3（528 kg/m^3）。
强度：非常高，特别是来自太平洋沿岸的木材。
干燥和稳定性：好。能够快速干燥，且干燥后几乎没有形变。
利用率：中等，因为木节较多，但边材不多。
板材宽度范围：全尺寸供应。
板材厚度范围：全尺寸供应。
耐久性：中等。

加工性能

　　北美黄杉易于加工，弦切板面可呈现壮丽的花纹图案。其缺点是易碎裂，必须使用锋利刀具切削。

切削：不易撕裂，但必须使用锋利刀具切削。
成形：可获得整齐的边角。
拼接：由于北美黄杉易碎裂，所以使用钉子时需要预先钻孔。
表面处理：效果好。

变化

　　径切板面纹理非常紧密，夹杂树脂管形成的斑点。

可持续性

　　生产没有受到威胁，有经过认证的木材资源。

可获得性

　　容易购买，价格中等。

主要用途

 建筑用材
用于普通建筑

 细木工材
制作胶合板和一般细木工制品

 装饰用材
制作木皮

 海洋用材
建设普通海岸工程

非洲紫檀 *Pterocarpus soyauxii*
非洲花梨African padauk

优点
- 颜色鲜艳
- 纹理美观
- 易于加工
- 强度高

缺点
- 有交错纹理
- 树种存在生存风险

干燥和稳定性：都很好。
利用率：高。
板材宽度范围：较广。
板材厚度范围：较广。
耐久性：好。

坚硬、强度高且具有独特的红色外观的木材

非洲紫檀俗称非洲花梨，有较好的防潮性和抗冲击性。木材呈浓郁的深红色，夹杂有深色条纹，纹理结构中等粗细，但较均匀，纹理多为直纹或波浪纹，有交错纹。材质坚韧，易于加工，耐磨性好，常用于制造地板。

加工性能

尽管结构较粗，并有交错纹理，但非洲紫檀比想象中更易加工，也更吸引人。正因为如此，该树种受到高度重视并大力开发。不过要注意，有许多紫檀属的树种已被列为易危物种。

重要特征

类型：热带阔叶材。
其他名称：非洲珊瑚木。
相关树种：大果紫檀（*P. macrocarpus*）、印度紫檀（*P. indicus*）、安达曼紫檀（*P. dalbergioides*）。
替代树种：边缘桉。
分布：非洲中部及西部。
材色：新切面为红色，会很快变成紫褐色。
结构：中等粗细，均匀。
纹理：直纹和波浪纹，夹杂交错纹理。
硬度：大，非常坚韧。
密度：中等偏大，45 lb/ft^3（720 kg/m^3）。
强度：中等偏上。

切削：切削性好，几乎不钝化刀具。
成形：由于质地坚硬且中等粗糙，非洲紫檀很容易成形，开榫铣槽效果好。
拼接：容易；握钉力强；胶合性好。
表面处理：效果非常好；颜色鲜艳，非常光亮。

变化

非洲紫檀具有连贯的花纹图案，且不会因锯切方式的不同产生显著差别。而其相关树种大果紫檀常通过径切来获得装饰性的花纹。

可持续性

选用紫檀类木材时应谨慎，尽管非洲紫檀尚未被列为易危树种，但有些同属的其他树种，例如安达曼紫檀，已被列为易危物种。经过认证的紫檀类木材资源非常少。

可获得性

可能很难找到，因此价格可能非常昂贵。

主要用途	室内用材	装饰用材
	制作家具、工作台面和地板	制作家具用木皮和木旋制品

西洋梨木 *Pyrus communis*
西洋梨 Common pear

优点
- 纹理结构细而均匀，质地如奶油般细腻
- 颜色温润
- 稳定，强度高

缺点
- 使用不广泛
- 供应量有限

果木材中的翘楚

虽然黑樱桃木更为常见，但西洋梨木才是最珍贵的果木之一，其材色呈浅粉棕色，质地细腻，略呈波浪状的纹理细密均匀。跟其他果木一样，西洋梨木具有奶油般细腻的手感，因此受到椅子、乐器和测量仪器制造商的青睐。因为很多材性相近，它还经常被染成黑色用作乌木的替代品。西洋梨木很少有宽板，常用于镶嵌细工。木材易遭虫害，但很稳定。据说最好的西洋梨木来自法国和德国。

重要特征

类型：温带阔叶材。
其他名称：欧洲梨。
相关树种：黑樱桃、红盾籽木。
分布：欧洲和北美。
材色：浅棕色，略带粉色。
结构：细而均匀。
纹理：波浪纹，无交错纹理。
硬度：中等。

密度：中等偏大，44 lb/ft^3（704 kg/m^3）。
强度：非常高。
干燥和稳定性：干燥缓慢，易扭曲和翘曲。干燥后非常稳定。
利用率：中等，扭曲会影响出材率，但边材和心材之间几乎没有差别。如果你选择自己锯切树枝或树干，损耗会增加；此时建议窑干木材。
板材宽度范围：很有限。
板材厚度范围：可能非常有限。
耐久性：不是特别好，但是心材和边材都可以用防腐剂处理。

加工性能

像大多数果木一样，西洋梨木质地均匀，易于加工，特别适合木旋。

切削：较易钝化刀具，但除此之外加工性能很好。
成形：非常适合木旋，可以得到整齐的边角和轮廓。
拼接：效果好；易胶合，握钉效果好。
表面处理：适合各种表面处理产品，易抛光，可以获得美丽的光泽。

变化

西洋梨木常被汽蒸处理，以获得更丰富的颜色层次。径切板面可呈现斑驳花纹。

可持续性

西洋梨木的地位很难评价。作为一种果树，西洋梨树的种植非常普遍。只有那些停止结果、足够大的老树才会被砍伐。

可获得性

供应量有限，尤其是最好的西洋梨木，价格可能相当昂贵。

主要用途

 装饰用材
制作镶嵌细工和镶边用的木皮，用于木旋和雕刻

 技术用材
制作测量仪器

 室内用材
制作家具

 奢侈品与休闲用材
制作乐器

美国白栎 *Quercus alba*
白橡木White oak

优点
- 直纹，缺陷少
- 损耗率低
- 性价比高
- 有经过认证的资源

缺点
- 缺乏特色

高大、笔直的阔叶材树种

美国白栎通常称白橡木，很难挑剔它的不足，它用途多、来源广、易于加工，是温带阔叶材的理想选择。通直连贯的纹理适合许多现代装饰风格，在批量木制品生产中颇具应用价值。非要找缺点的话，就是没有独特的花纹，也没有某些木匠喜欢的所谓缺陷纹理或图案。

重要特征

类型：温带阔叶材。
其他名称：美国白橡。
替代树种：蒙古栎、北美红栎（ *Q. rubra* ）。
分布：加拿大和美国。
材色：米色到棕色，表面处理后呈现浓郁的蜂蜜色。
结构：中等偏粗。
纹理：通常直。
硬度：大。
密度：中等偏大，48 lb/ft^3（768 kg/m^3）。

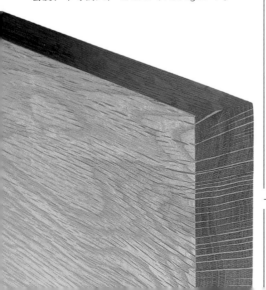

强度：高，弯曲性好。
干燥和稳定性：干燥过快时易开裂。干燥后形变幅度中等。
利用率：高。板面干净，纹理通直。
板材宽度范围：全尺寸供应。
板材厚度范围：全尺寸供应。
耐久性：户外耐久性好，但是心材难以进行防腐处理。

加工性能

美国白栎易于切削，能散发出典型的橡木气味，但没有夏栎那样多变的花纹。拼板效果好，连贯的花纹能够掩盖接缝，唯一的问题是板面颜色不够均一，从浅棕色到深棕色不等。生长较慢的美国白栎年轮间隔更窄，质地更均匀，木材更易加工。

切削：容易。
成形：效果好，虽偶有撕裂，但轮廓清晰。开榫和铣槽容易。
拼接：胶合性好。
表面处理：效果好，可以打磨获得精细的表面。粗大的管孔非常适合用填料填充，但染色不是很均匀。

变化

美国白栎漂亮的花纹适合木皮装饰，尤其是对拼木皮。

可持续性

有很多经过认证的美国白栎资源。该树种的生存没有受到威胁。

可获得性

供应充足，价格不贵。

主要用途

 室内用材
制作家具和地板

细木工材
用于室内细木工和商店内部装修

 建筑用材
用于一般建筑工程

夏栎*Quercus robur*

英国橡木English oak

优点

- 颜色和花纹独特
- 强度高而坚固
- 开放纹理可制作特殊效果

缺点

- 价格昂贵
- 缺陷多和空心造成损耗率高
- 波浪纹理难以加工

经典阔叶材

夏栎俗称英国橡木，其结构粗糙，纹理显著，具有独特的射线斑纹和波浪纹理。径切板尺寸稳定，强度大，常用于制作精细木制品。而弦切板则具有壮丽的火焰花纹，用于制作各类装饰木制品。夏栎还因其颜色、纹理和粗糙的结构颇受木旋工匠的青睐，未经干燥的木材还是传统木屋的建筑材料。

重要特征

类型：温带阔叶材。

其他名称：欧洲橡木、松露橡木。

替代树种：美国白栎、北美红栎。

分布：欧洲。

材色：浅棕色，略带金色。

结构：粗。较软的早材组织可以用钢丝刷或喷砂处理，以获得特殊效果。

纹理：典型的波浪纹。

硬度：大。

密度：中等偏大，45~47 lb/ft^3（720~752 kg/m^3）。

强度：高。

干燥和稳定性：通常自然气干，干燥速度宜缓慢。易开裂和碎裂，增加了木材损耗。

利用率：低，因边材较宽、边缘宽窄不齐，损耗率通常较高。

板材宽度范围：全尺寸供应，可开大板。

板材厚度范围：全尺寸供应。

耐久性：非常好，早期曾被用于制造战舰。

加工性能

不管是否喜欢夏栎，加工板材时都要小心波浪纹理，因为其容易撕裂。

切削：波浪纹板材切削时易撕裂，因此需要锋利的刀具。有些木材会钝化刀具或磨损刃口。

成形：可以为镶板和装饰件加工出整齐的边角，但易撕裂。

拼接：胶合性好，拼接牢固，但使用水性胶水时要避免与钢制木工夹接触，以免引起单宁变色。此外，夏栎中的单宁酸会腐蚀钢制螺丝或钉子，因此应使用黄铜或合金配件。

表面处理：易于用油、蜡、虫胶、聚氨酯油漆或合成漆进行表面处理，涂层美观。板材纹理虽粗，但很少进行填充，染色效果好。

变化

夏栎径切板材适于制作抽屉衬里。树瘤橡木则适合木旋和制作家具用的木皮。有些因病变而变成黑色的夏栎被称为棕栎。

可持续性

有越来越多经过认证的夏栎资源，可放心使用。

可获得性

优质的夏栎价格昂贵，损耗率也很高。

主要用途			
室内用材 制作家具和地板		**细木工材** 用于室内细木工	
建筑用材 建造传统木屋		**装饰用材** 木旋	
海洋用材 造船			

北美红栎 *Quercus rubra*
红橡木 Red oak

优点
- 经济实惠
- 诱人的红棕色

缺点
- 花纹比其他栎木平淡
- 难以干燥

花纹简单、经济实惠的橡木

　　北美红栎俗称红橡木，缺乏美国白栎或夏栎板材所具有的明显的射线斑纹，但它的颜色更深。北美红栎通常比美国白栎便宜，但不如美国白栎那样受欢迎。北美红栎不应该被轻视，尤其是产自北方的木材，因树木生长较慢，颜色和纹理更为均匀。要注意北美红栎的边材，虽然应避免使用，但并不算是缺陷。

重要特征

类型：温带阔叶材。
其他名称：北方红橡木、南方红橡木。
相关树种：南方红栎（*Q. falcata*）。
替代树种：夏栎。
分布：北美。
材色：红棕色。
结构：中等偏粗。
纹理：直纹。
硬度：大。
密度：中等偏大，48 lb/ft^3（768 kg/m^3）。
强度：中等，弯曲性好。

干燥和稳定性：宜缓慢干燥，有龟裂、碎裂和蜂窝裂的风险。干燥后形变幅度中等。
利用率：中等，干燥缺陷增加了损耗率。
板材宽度范围：全尺寸供应。
板材厚度范围：全尺寸供应。
耐久性：差；易遭腐蚀和虫害。

加工性能

　　许多栎木都易钝化刀具，北美红栎也不例外。独特的栎木气味颇受欢迎。

切削：易于刨平，但靠近板材边缘的纹理扭曲处易撕裂。
成形：易于铣削，可获得非常整齐的边角。
拼接：切记，栎木与铁金属接触会产生黑变。钢制螺丝会被腐蚀并最终断裂，同时也会污染木材。使用水性胶水时要避免与钢制木夹接触。
表面处理：适合各种处理方式，均能获得美观的效果，尤其适合拉丝工艺和染色。

变化

　　径切板面有一些射线斑纹，但射线斑纹不像其他栎木那样分布广泛和明显。

可持续性

　　供应充足，生存不受威胁，经认证的木材资源容易找到。

可获得性

　　使用广泛，比美国白栎更经济。

主要用途　 **室内用材**
制作家具和地板　 **细木工材**
用于室内装修和普通细木工

北美红杉 *Sequoia sempervirens*

红杉 Redwood

优点
- 户外耐久性好
- 易于加工
- 质轻

缺点
- 有开裂风险
- 地下环境不耐久

适于户外使用的直纹针叶材

北美红杉以其深色和纹理通直著称。纹理紧密，纤维性强。木材强度不高，易开裂，是制作木瓦的理想材料。只要不与地面接触，耐久性尚可，被广泛用于户外细木工，以及屋顶、甲板和外墙挂板的制作。加工时小心木材撕裂，胶合时木材易受污染。

重要特征

类型： 温带针叶材。

其他名称： 加州红杉、海岸红杉。

相关树种： 巨杉（*Sequoiadendron giganteum*）。

替代树种： 边缘桉。

分布： 美国西海岸。

材色： 深红棕色，光泽较弱。

结构： 通常细而均匀，有时粗糙。

纹理： 直纹。

硬度： 小。

密度： 小，26 lb/ft^3（416 kg/m^3）。

可持续性和可获得性

现在北美红杉的供应受到管制，价格上涨，使其比一般针叶材更贵。已被IUCN列为易危树种。有经过认证的资源。

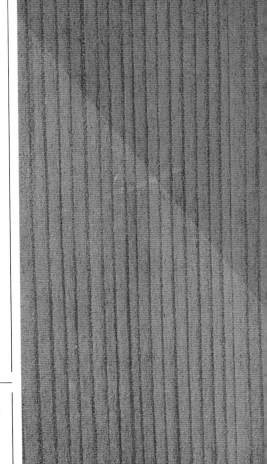

主要用途

 细木工材
用于户外细木工

 户外用材
制作围栏、温室、庭院家具和外墙挂板

 建筑用材
制作屋顶和甲板

 室内用材
制作地板

萨尔瓦多美染木 *Sickingia salvadorensis*

红心木Chakte kok

优点
- 花纹壮丽
- 光泽好

缺点
- 规格有限
- 易开裂，缺陷较多

带条纹的引人注目的红色木材

萨尔瓦多美染木有奇妙的纹理图案，带有深棕色或亮粉红色的波浪线。常具涡状纹理和交错纹理，需要用锋利的刀具加工。边材淡黄色，与鲜艳的心材对比强烈。据报道，这种木材经久耐用，可以抛光得非常光亮，刨削和木旋效果好，易于加工，但材色不均匀，供应量非常有限，且易开裂和遭受虫害，进一步增加了损耗率。

重要特征

类型：热带阔叶材。

其他名称：墨西哥红木、萨尔瓦多斯密茜。

分布：中美洲。

材色：明亮的红色和粉色，带有较暗的波浪状条纹。

结构：细而均匀。

纹理：直纹，多有交错。

硬度：大。

密度：中等偏大，40 lb/ft^3（640 kg/m^3）。

可持续性和可获得性

萨尔瓦多美染木不太为人所知，因此使用并不广泛。这意味着它可能没有被过度开发，因此存在经过认证的森林资源。该木材可以用来代替红饱食桑木（*Brosimum paraense*）。

主要用途 **室内用材**
制作家具和地板

 装饰用材
用于木旋和雕刻

大叶桃花心木 *Swietenia macrophylla*
美国桃花心木 American mahogany

优点
- 经典的颜色和花纹
- 材质稳定
- 供应充足，较便宜

缺点
- 易撕裂
- 硬度不均一
- 较软，易出现压痕

仅次于古巴桃花心木的木材

在世界各地被称为桃花心木的诸多木材中，大叶桃花心木是唯一商业化的正宗桃花心木。由于古巴产的桃花心木（*S. mahagoni*）现在几乎灭绝，大叶桃花心木被认为是现存最好的替代品。它具有与古巴桃花心木相同的粉红色，但质地和花纹不太均一。

重要特征

类型： 热带阔叶材。

其他名称： 洪都拉斯桃花心木、巴西桃花心木、真桃花心木。

相似树种： 委内瑞拉桃花心木（*S. candollei*）。

替代树种： 黑樱桃、西洋梨。

分布： 中、南美洲。

材色： 粉红色、红色到深红色和棕色的不同条纹。

结构： 中等偏粗，通常均匀，但纹理有变化。

纹理： 直纹，也有交错纹理。

硬度： 中等。

密度： 中等偏大，40 lb/ft^3（640 kg/m^3）。

强度： 中等偏下。

干燥和稳定性： 易干燥，干燥后几乎没有形变。

利用率： 高。

板材宽度范围： 全尺寸供应。

板材厚度范围： 全尺寸供应。

耐久性： 户外耐久性好，易遭虫害。

加工性能

与古巴桃花心木相比，大叶桃花心木纹理更为多变，不够均一，因此加工难度大，易撕裂。

切削： 保持刀刃锋利以避免撕裂。只要小心，可以获得平整的表面。

成形： 刀头易撕裂木材，所以要逐步进刀。大叶桃花心木成形效果好，轮廓清晰，易于精准开榫和铣削凹槽。

拼接： 木材胶合性好，握钉力强；部件夹紧时略有位移。

表面处理： 染色和抛光效果好，可以获得很好的光泽。

变化

弦切板可以产生壮丽的火焰花纹，是理想的装饰板材。另一种选择是从树干和树枝的连接处切下大叶桃花心木，用来制作橱柜、门和面板所需的木皮。特殊效果的木材，通常以木皮的形式提供，包括琴背纹、斑驳纹、鞍马纹、条纹和卷曲纹的木皮。

可持续性

据说大叶桃花心木在某些地区处于易危状态，但是有经过认证的木材资源。它被CITES列入了附录 II。

可获得性

大叶桃花心木供应充足。它的价格与黑樱桃木和黑核桃木相当。

主要用途　 **室内用材**
制作家具

 细木工材
制作镶板和高档细木工制品

欧洲红豆杉 *Taxus baccata*
英国紫杉 English yew

优点
- 漂亮的颜色和花纹
- 质地细腻均匀
- 强度高

缺点
- 难以加工
- 规格有限
- 使用不广泛

非常坚硬的针叶材

欧洲红豆杉是一种针叶材，这种木材因为非常坚硬结实，所以经常被人当作阔叶材。这种木材经常被用来制作弓，因为其弯曲性好。直纹的欧洲红豆杉宽板供应很少。较窄的树枝和圆木更受木旋工匠的青睐。

重要特征

类型：温带针叶材。
相似树种：短叶红豆杉（*T. brevifolia*）。
分布：欧洲、亚洲部分地区和北非。
材色：心材呈浅橙红色，随着时间的推移颜色会变深。边材浅黄白色，与心材对比鲜明，一些木匠利用其明显的对比色设计木工作品。
结构：细而均匀。
纹理：多变，直纹、波浪纹，甚至交错纹都有。
硬度：大。
密度：中等偏大，42 lb/ft^3（672 kg/m^3）。
强度：直纹部分弯曲性好，但其他部分只有中等强度且易碎。
干燥和稳定性：易于干燥且干燥速度快，干燥后稳定。

利用率：可能很低，因为圆木直径通常很小，且边材比例高，多节子。
板材宽度范围：非常有限。
板材厚度范围：非常有限。
耐久性：好，但易遭虫害，且不能做防腐处理。

加工性能

许多木匠喜欢欧洲红豆杉的颜色和花纹，但这种木材坚硬且易撕裂的特性无疑增加了加工难度。木旋工匠不必担心这一点，因为他们会横向切断木纤维。

切削：需要非常小心并使用锋利的刀具，因为欧洲红豆杉质地坚硬且纹理多变，易撕裂。板材的直纹区域易于加工。
成形：容易成形，铣削效果好，可以得到清晰的轮廓，但容错性差，在切割接头和拼板时需要非常小心。
拼接：除非是直纹板，否则拼板效果很难保证。欧洲红豆杉不易开裂，但因为硬度大，钉钉子需要预先钻孔。
表面处理：可能需要使用细木工刮刀来进行最后的预处理，因为欧洲红豆杉易撕裂。适于各种表面处理方式，并能获得极佳的光泽。

变化

红豆杉树瘤受到木旋工匠和家具制造商的青睐。红豆杉木皮容易卷曲。

可持续性

经过认证的欧洲红豆杉资源比较少见；这种树在公园、教堂墓地和花园中比在森林和人工林地中更常见。

可获得性

欧洲红豆杉很罕见，通常非常昂贵。

主要用途	室内用材 制作家具	奢侈品与休闲用材 制作弓和乐器
	装饰用材 制作家具用木皮 和木旋制品	

短叶红豆杉 *Taxus brevifolia*

西部紫杉 Western yew

优点
- 花纹漂亮
- 颜色独特
- 耐久性非常好
- 适合蒸汽弯曲

缺点
- 稀有且昂贵
- 难以加工
- 损耗率高

具有药用价值的坚硬针叶材

尽管短叶红豆杉的浆果通常被认为是有毒的，但抗癌药物紫杉醇就是从短叶红豆杉中提取的。这种树生长非常缓慢，木材坚硬，易于弯曲，常用于制作弓。叶子比欧洲红豆杉稍短，因此叫作短叶红豆杉。

重要特征

类型： 温带针叶材。

其他名称： 俄勒冈紫杉、太平洋紫杉。

相似树种： 欧洲红豆杉。

替代树种： 红花槭。

分布： 北美西海岸，从阿拉斯加到加利福尼亚。

材色： 橙棕色，随着时间的推移会变深。

结构： 非常细，均匀。

纹理： 相比欧洲红豆杉更直，但仍有波浪纹和交错纹。

硬度： 大。

密度： 中等偏大，46 lb/ft^3（736 kg/m^3）。

强度： 高，弯曲性好。

干燥和稳定性： 宜缓慢干燥，干燥过程中有形变，但干燥后尺寸稳定。

利用率： 中等偏下，因为缺陷和边材较多。

板材宽度范围： 较广。

板材厚度范围： 较广。

耐久性： 非常好，抗虫性和防潮性好。

加工性

虽然短叶红豆杉非常适合木旋和弯曲，但如果工具不足够锋利的话，短叶红豆杉会很难加工，特别是当纹理方向在缺陷附近发生改变的时候。有人觉得粉尘具有刺激性。

切削： 刨削木节附近时要小心，那里容易撕裂。

成形： 木材足够坚硬，可以获得整齐的边缘，但木节和缺陷会影响塑形效果。

拼接： 使用钉子时需要小心，因为它们可能劈裂木材；使用螺丝的效果不错；胶合性好。

表面处理： 可以得到极佳的光泽，但可能需要使用细木工刮刀处理纹理复杂的区域。任何表面处理产品都会加深颜色。

变化

短叶红豆杉的树瘤深受木旋工匠的喜爱，也常被家具制造商用来制作木皮。边材可以用于对比。

可持续性

短叶红豆杉很珍贵，应该受到保护。不太可能找到经过认证的木材资源，但短叶红豆杉尚未被列为濒危树种。短叶红豆杉被IUCN列为近危树种，但风险较低。

可获得性

稀少，且昂贵。

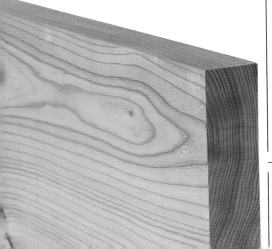

| 主要用途 | **装饰用材**
制作橱柜木皮、家具细节部件和木旋制品 | **奢侈品与休闲用材**
制作弓和乐器 |

柚木 *Tectona grandis*

柚木 Teak

优点
- 油性大，耐久性好
- 纹理和颜色诱人

缺点
- 稀有
- 易磨损刀具

著名的海岸工程耐用材

柚木比大美木豆颜色更深，油性更大，几个世纪以来都是造船和其他海洋用途的首选树种，许多庭院家具也是用这种木材制作的。对它的开发最终让一些亚洲国家开始大力发展柚木人工林；有许多自称柚木的木材被用作正宗柚木的替代品。

重要特征

类型： 热带阔叶材。
替代树种： 棒头桉（*Eucalyptus gomphocephala*）。
分布： 主要在东南亚，但加勒比海地区和西非也有。
材色： 金黄蜜棕色，有较深的条纹。光照后颜色会变深。
结构： 中等粗细，整体不均匀。
纹理： 直纹或波浪纹。
硬度： 大。
密度： 中等偏大，40 lb/ft^3（640 kg/m^3）。
强度： 就其密度而言，柚木非常坚固，也可以弯曲，但整体偏脆。

干燥和稳定性： 干燥缓慢，但不会出现问题，干燥后稳定。
利用率： 高。
板材宽度范围： 全尺寸供应。
板材厚度范围： 全尺寸供应。
耐久性： 非常好。

加工性能

柚木是最著名木工用材之一，油性大，质地比较粗糙，不像其他一些经典木材那样易于加工。

切削： 刀具必须锋利，但柚木质地较均匀，因此不易撕裂或碎裂。
成形： 能够得到整齐的边角。
拼接： 木材油性大，胶合困难，需要预先进行测试，但很适合使用螺丝和钉子连接。
表面处理： 油性大，需要测试决定使用何种产品；处理效果好，可以获得不错的光泽。

变化

一些木匠认为老柚木比人工林的木材质量更高。

可持续性

具有环保意识的木匠更喜欢购买林场出产的或来自认证资源的柚木，尽管它并未处于濒危状态。

可获得性

价格昂贵，大部分只能从人工林场获得。

主要用途

 海洋用材
造船和其他海洋用途

 室内用材
制作地板

 室外用材
制作庭院家具和饰面板

科特迪瓦榄仁 *Terminalia ivorensis*

西非榄仁 Idigbo

优点
- 较为便宜的硬木
- 室外耐久性好
- 光泽好

缺点
- 外观平淡
- 有交错纹理
- 难以加工

加工困难的坚硬木材

科特迪瓦榄仁在颜色和纹理方面没有特色，广泛用于室内外细木工、胶合板制造或家具的批量生产。虽然纹理通常是直的，但纹理结构粗且不均匀，也会出现交错纹理。很少有木节或缺陷，这使得损耗率很低，适于机械加工。在潮湿条件下，木材与钢铁接触有被染色的风险。

重要特征

类型：热带阔叶材。
其他名称：象牙海岸榄仁、非洲柚木。
分布：西非。
材色：浅黄棕色。
结构：粗。
纹理：直纹，偶有交错纹理。
硬度：中等偏大。
密度：中等，35 lb/ft^3（560 kg/m^3）。

可持续性和可获得性

主要供应细木工和家具行业；家庭木工的需求有限。来自非洲的树种必须谨慎对待，科特迪瓦榄仁已被列为易危树种，而且经过认证的资源很少。许多其他榄仁属树种已被列为濒危树种，某些甚至已在野外灭绝，因此使用榄仁属树种的木材必须谨慎。

主要用途 **室内用材**
批量生产家具

细木工材
用于室内外细木工和胶合板制作

艳丽榄仁 *Terminalia superba*

榄仁 Limba

优点
- 便宜
- 易于加工

缺点
- 易撕裂
- 纹理结构粗
- 耐久性差

黑白交错的非洲阔叶材

　　艳丽榄仁阔叶材与科特迪瓦榄仁很相似，因艳丽榄仁材色较浅，通常被称为白榄仁。木材质地较粗糙，纹理一般是直的，易撕裂，粉尘会刺激皮肤；使用钉子和螺丝必须预先钻孔以防止碎裂；耐久性差，易遭受虫害；木材易于加工，并能获得较好的光泽。它不是一种名贵木材，而是一种大量使用的普通木材。心材有时带深色条纹，可以作为小鞋木豆、十二雄蕊破布木或大理石豆木（*Marmaroxylon racemosum*）的廉价替代品。

重要特征

树种类型：热带阔叶材。
其他名称：黑榄仁、白榄仁、榄仁木。
分布：西非。
材色：浅黄色或浅棕色。
结构：中等偏粗，均匀。
纹理：直纹，偶有交错纹。
硬度：中等偏大。
密度：中等，34 lb/ft^3（544 kg/m^3）。

可持续性和可获得性

　　艳丽榄仁并不是广泛使用的木材，但也不难找到，价格不贵。艳丽榄仁属于关注度低的树种，没有被列为濒危。经过认证的木材资源很少。但要注意，许多其他榄仁属树种被列为濒危物种，因此必须谨慎行事。

主要用途

 **建筑用材**
用于一般建筑

 细木工材
用于室内装修、普通细木工和胶合板制作

红崖柏 *Thuja plicata*

西部红雪松 Western red cedar

优点
- 天然耐久性好
- 直纹

缺点
- 结构粗糙
- 强度低
- 会腐蚀金属

芳香、耐久的实用针叶材

红崖柏不是真正的雪松，它的直纹理和耐用性使其被广泛用于温室和棚屋的建造。由于强度低，它不适合建造温室的框架部件，但直纹使其易于加工，密度小降低了木材开裂的风险。树皮可以用来制作绳子。

重要特征

类型： 温带针叶材。
其他名称： 巨柏、大瓦材、美国侧柏。
相似树种： 北美香柏、北美红杉。
分布： 北美和欧洲。
材色： 红棕色，有时对比白色边材会呈粉红色。老化时会呈银灰色，无须表面处理，可直接在户外使用。
结构： 粗。
纹理： 直纹。
硬度： 小。
密度： 小，23 lb/ft^3（368 kg/m^3）。
强度： 低，弯曲性差。

干燥和稳定性： 红崖柏宜锯成薄板干燥，干燥快速且效果好。干燥后非常稳定。
利用率： 高。
板材宽度范围： 全尺寸供应。
板材厚度范围： 全尺寸供应。
耐久性： 很好。

加工性能

直纹木材适于制作户外木制品。此外，红崖柏非常适合制作木瓦。加工粉尘可能导致皮肤过敏和呼吸道问题。

切削： 因为密度小且结构粗糙，红崖柏很容易刨平，且很少有污染刀具的树脂。
成形： 容易，可以制作用于温室的窗格条，并且因为纹理通直不易撕裂。
拼接： 胶合性好，握钉力好；但横切时容易撕裂，所以要获得整齐的板材端面有些困难。
表面处理： 红崖柏的颜色和老化光泽使其几乎不需要任何表面处理。红崖柏难以进行防腐处理，但天然耐久性好。

可持续性

有人担心红崖柏正在消失，而且该物种不易再生。有经过认证的红崖柏木材供应。

可获得性

优质木材的供应正在逐渐减少，因此红崖柏价格日益上涨，但它仍然是一种适合户外制品的经济型木材。

主要用途	室外用材	海洋用材
	建造棚屋、温室、围栏和装饰墙板	制作独木舟

美洲椴 *Tilia americana*
椴木 Basswood

优点
- 非常适合雕刻
- 结构细腻均匀
- 易干燥
- 便宜

缺点
- 平淡的淡黄色
- 多缺陷和节子
- 存在一些斑驳的杂色

缺乏特色的雕刻用材

美洲椴木没有太多特点，但它非常适合雕刻和制模。木材质地均匀，早晚材之间几乎没有差别，这使得凿子既可以顺纹理切割，也可以横向于纹理切割，而不会产生撕裂。此外，美洲椴木涂饰后可以得到特别的黄色，欧洲椴木亦如此。

重要特征
类型： 温带阔叶材。
其他名称： 白木、菩提木。
相似树种： 黑椴（*T. nigra*）、阔叶椴（*T. latifolia*）。
替代树种： 小脉夹竹桃。
分布： 北美东部。
材色： 乳白色至浅棕色，略带粉色；涂饰后会变成黄色。
结构： 细而均匀。
纹理： 直纹，早晚材几乎无差别。
硬度： 小。
密度： 小，26 lb/ft^3（416 kg/m^3）。
强度： 低，且弯曲性差。

干燥和稳定性： 好，干燥后稳定。
利用率： 中等。可能有大木节或其他缺陷，以及一些苍白的斑点，但这不会影响其使用。
板材宽度范围： 全尺寸供应。
板材厚度范围： 全尺寸供应。大多数雕刻师会寻找较厚的板材。
耐久性： 差，易遭受虫害，尤其是边材。

加工性能

美洲椴木是最容易加工的木材之一，非常适合初学者练手。幸运的是它并不昂贵，可以作为学习材料。

切削： 刨削效果好，不会钝化刀具。
成形： 容易获得整齐的边角和清晰的轮廓。特别适合雕刻和木旋，很容易切割接头。
拼接： 容易。胶合性好，握钉力好，不需要预先钻孔。
表面处理： 可获得很好的光泽；染色效果好。

变化

髓射线会在径切板面呈现银光斑纹，但不明显，也不常见。

可持续性

美洲椴树在北美东部分布广泛，因此没有必要追求经过认证的产品。

可获得性

主要从专业供应商处获得，但是不贵。

主要用途	装饰用材 用于雕刻和制模	日常用材 一般用途
	奢侈品与休闲用材 制作模型	

欧洲椴 *Tilia europaea*
欧洲椴木European linden

优点
- 质地细腻均匀
- 可沿任意方向切割
- 材性均匀一致

缺点
- 偏软
- 缺少特色
- 材色日久会变黄

经典木雕用材

在欧洲，欧洲椴木是雕刻师的首选木材，就像美国椴木一样，它在其他方面没有太多用处。欧洲椴木质地细腻均匀，纹理平直紧密，易切割，不易撕裂。缺点是颜色和花纹平淡无奇，材色日久会变黄。径切板面有闪烁的射线斑纹，但木材并未因此而增值。

重要特征

类型：温带阔叶材。
其他名称：捷克椴、普通椴。
替代树种：美洲椴、小脉夹竹桃。
分布：欧洲。
材色：乳白色。
结构：非常细，均匀。
纹理：直纹且紧密。
硬度：中等偏小。
密度：中等，34 lb/ft^3（544 kg/m^3）。
强度：中等；可以弯曲，不易开裂。
干燥和稳定性：在干燥时会轻微变形和开裂。

利用率：中等；有节子和一些需要避免的开裂（特别是端裂）；边材不多。
板材宽度范围：全尺寸供应。
板材厚度范围：常有厚板供应。
耐久性：不是很好。

加工性能

纤维性强，易起毛刺且柔软，相比于机器加工更适合雕刻。

切削：效果好，但质软，易出现压痕。
成形：使用薄平口凿或圆口凿可以加工出非常整齐的边角，铣削时需要减小切削角度。
拼接：容易；胶合性好，钉钉子不会开裂。
表面处理：效果好，尤其是染色和抛光。

可持续性

非常好，欧洲椴在欧洲大量种植，且生长迅速。

可获得性

在欧洲很容易买到，而且不太贵。

主要用途		
日常用材 制作砧板、工具手柄		**奢侈品与休闲用材** 制作玩具
装饰用材 用于雕刻		

异叶铁杉 *Tsuga heterophylla*
西部铁杉 Western hemlock

优点
- 直纹
- 质地均匀
- 有香气
- 稳定

缺点
- 花纹和颜色平淡
- 质地偏软

优质针叶材

异叶铁杉是一种优质针叶材，用于细木工和室内装修，它比一般的针叶材要好，同时避免了使用价格较高的阔叶材而拉高成本。异叶铁杉通常用于制作楼梯构件，尤其是栏杆，但它的耐久性差，所以只能在室内使用。异叶铁杉具有令人愉悦的气味，非常容易加工，适合各种形式的建筑、细木工，也用来制作木皮。

重要特征

类型：温带针叶材。
其他名称：太平洋铁杉、阿拉斯加松、铁云杉、不列颠哥伦比亚铁杉。
相关树种：加拿大铁杉（*T. canadensis*）、日本异叶铁杉（*T. sieboldii* and *T. diversifolia*）、铁杉（*T. chinensis*）。
替代树种：黄桦、红崖柏。
分布：北美和欧洲。
材色：浅金棕色，年轮密集。

结构：细而均匀。
纹理：直纹。
硬度：中等偏小。
密度：中等，31 lb/ft^3（496 kg/m^3）。
强度：中等。
干燥和稳定性：干燥后稳定，几乎没有形变，但很难干燥，尤其是厚木板，可能会开裂。
利用率：高。
板材宽度范围：全尺寸供应。
板材厚度范围：全尺寸供应。
耐久性：差。

加工性能

相比许多针叶材，铁杉树脂含量较低，易于加工，但节子区域除外。

切削：效果好，直纹区域不易撕裂。
塑形：可以获得整齐的边缘。
组装：非常适合使用胶水、钉子和螺丝。
表面处理：易于染色和抛光；光泽好。

可持续性

有经过认证的资源，因此无须担心供应问题。IUCN认为，有一些铁杉属的树种受到生存威胁。

可获得性

来源广泛，价格不高。

主要用途 **细木工材**
用于一般细木工、室内装修和胶合板制作

美国榆*Ulmus americana*

 美国榆木American elm

优点
- 易于加工
- 表面处理效果好
- 是其他榆木的优质替代品

缺点
- 使用不广泛
- 颜色和花纹一般
- 有交错纹理，纤维性强

更柔和的榆木

美国榆，通常被称为白榆，不像红榆那样受欢迎和用途广泛。不过因为质地更软，花纹更加均匀连贯，所以更易于加工。它通常被用作功能性材，而不是家具制造用材。不考虑强度的话，常用作红榆木的替代品。

重要特征

类型：温带阔叶材。
其他名称：白榆、软榆、沼泽榆、水榆、灰榆。
替代树种：欧洲栗、其他榆木。
分布：北美。
材色：浅棕色，略带红色。
结构：粗，均匀。
纹理：直纹，有少许交错纹理，但晚材和早材之间的差别小于红榆木。
硬度：小。
密度：中等，35 lb/ft^3（560 kg/m^3）。
强度：中等，但弯曲性非常好。

干燥和稳定性：中等。
利用率：中等。
板材宽度范围：全尺寸供应。
板材厚度范围：全尺寸供应。
耐久性：在户外使用时易遭腐蚀和虫害。

加工性能

美国榆木的主要问题是它很软，所以虽然它不会钝化刀具，但可能引起撕裂，并且木材表面容易起毛，从而影响涂饰效果。

切削：刨削效果好，但要控制好进刀量，以免造成撕裂。
成形：边角不够整齐。这是一种易于得到纹理效果而非精确轮廓的木材。
拼接：容易；适合使用螺丝、钉子和胶合。
表面处理：美国榆木足够软，使用砂光机打磨的话很容易打磨过度，所以需要小心。

变化

径切板面具有射线斑纹，以及树瘤产生的涡纹。

可持续性

未被列为濒危物种，也不容易找到经过认证的木材资源。世界上其他地区的某些榆树濒临灭绝，所以最好确保购买的是本地榆木。

可获得性

不如红榆容易获得，但更便宜。

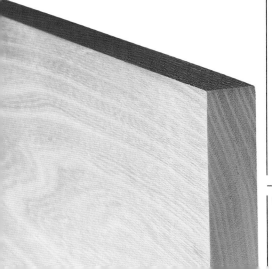

主要用途		
室内用材 制作家具		**奢侈品与休闲用材** 制作运动器材
海洋用材 用于造船、海洋工程		**日常用材** 制作棺材

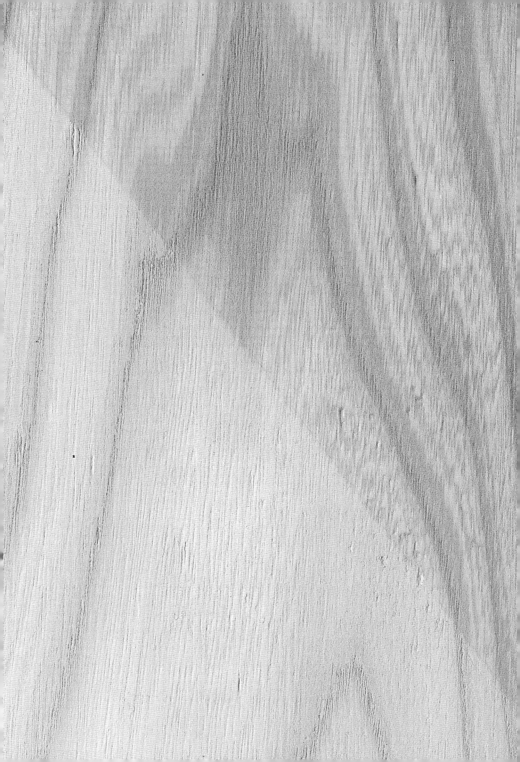

荷兰榆 *Ulmus × hollandica*

荷兰榆木 Dutch elm

优点

- 奇妙的纹理和图案
- 材色令人愉悦
- 质地柔软，适合制作椅面

缺点

- 越来越稀少
- 交错纹理使其加工困难
- 不是很稳定

易患病的树种，曾是椅面和桌面的首选

荷兰榆树病已经摧毁了许多森林和田野，这种美丽的树木正在不断减少。荷兰榆木纹理多变，常呈涡状，颜色丰富多彩。节子较多，在增加装饰特征的同时，也使得这种轻质阔叶材更加难以加工。

重要特征

类型：温带阔叶材。

其他名称：欧洲榆。

相关树种：英国榆（*U. procera*）。

替代树种：黑相思木、红花槭、二球悬铃木、美国榆。

分布：遍布欧洲。

材色：浅蜂蜜色，带有一些米色条纹，边材色浅。

结构：相对粗。

纹理：年轮宽窄不均，有涡状纹理。

硬度：在阔叶材中较软。

密度：中等，35 lb/ft^3（560 kg/m^3）。

强度：荷兰榆比英国榆更坚固，适合蒸汽弯曲性能。

干燥和稳定性：必须小心干燥，否则堆垛会因为板材形变而倒塌；干燥后形变幅度中等。

利用率：低，缺陷较多，树皮和边材常被侵蚀。

板材宽度范围：多变。

板材厚度范围：取决于锯木厂。

耐久性：户外使用需要做防腐处理；室内易受虫害。

加工性能

荷兰榆因其质地、纹理和颜色而备受青睐。

切削：易撕裂；锯解时常因木材的生长应力释放造成卡锯。

成形：必须保持刀具锋利，但即使如此，荷兰榆也不太可能得到整齐的边角。

拼接：当用榆木制作面板、桌面或座面时，必须考虑它的形变幅度。很适合胶合，接缝紧密，因为榆木的容错性较好。使用螺丝和钉子时板材不会开裂。

表面处理：与许多纹理粗糙的温带阔叶材一样，榆木适合打蜡，以保持其柔和的天然色。

变化

榆树瘿木是一种非常珍贵的木材。径切板面可以呈现出明显的径面射线斑纹。

可持续性

认证的资源不多，但可以放心使用。世界其他地区的某些榆树濒临灭绝。请确保购买当地的榆木。

可获得性

可以从专业的进口木材供应商那里购得，通常只有木皮供应。成本比预期低，但可能会有些损耗。

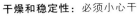

主要用途

室内用材
制作椅面、桌面和橱柜

装饰用材
用于木旋和制作家具、汽车用的木皮

 海洋用材
造船

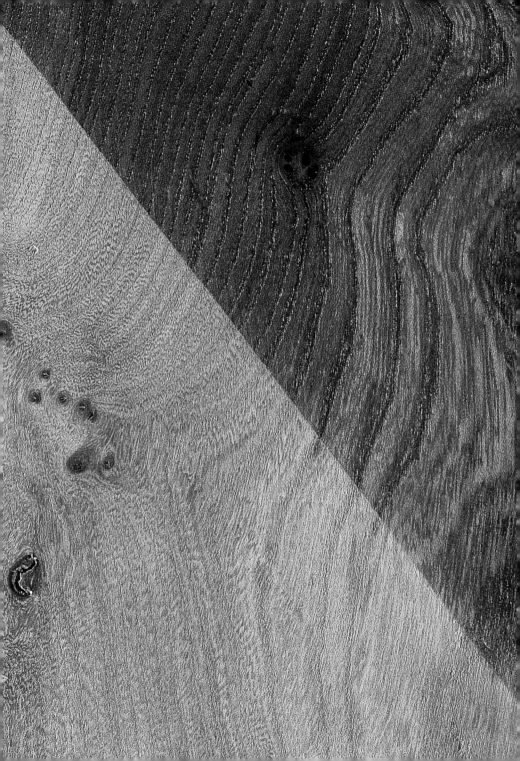

红榆 *Ulmus rubra*

红榆木 Red elm

优点
- 细腻的颜色和图案
- 柔和的手感
- 易于加工

缺点
- 有交错纹理
- 供应受病害限制

受病害限制的木材

红榆木比美国榆木更深更红，颜色和质地更像荷兰榆木。不幸的是，它也遭受了荷兰榆树病的威胁，供应越来越有限。不过，这种华丽的木材仍然存在，非常值得寻找。红榆木密度中等，有吸引人的波状纹理和柔和的棕色，随着时间的推移，材色会变暗。红榆木的质地不够细腻，但如果你想得到一种柔和的纹理效果，它很合适。

重要特征

树种类型： 温带阔叶材。

其他名称： 滑榆、棕榆。

替代树种： 其他榆木、二球悬铃木。

分布： 北美。

材色： 棕色，略带红色；部分心材深棕色，边材为浅灰色或白色。

结构： 粗，但通常均匀。

纹理： 直纹或柔和的波浪纹，有交错纹理，尤其是在木节周围。

硬度： 中等偏小。

密度： 中等，38 lb/ft³（608 kg/m³）。

强度： 中等。

干燥和稳定性： 宜缓慢干燥，有些扭曲，干燥后形变幅度中等。

利用率： 中等，心边材对比鲜明。

板材宽度范围： 有供应的话尺寸全。

板材厚度范围： 有供应的话范围较广。

耐久性： 差。

加工性能

红榆木是一种经典的阔叶材，只要是使用过的人，都会对它青睐有加。红榆木具有不太明显的气味，并且很好加工。

切削： 虽然材质较软，但红榆木刨削效果好，不易撕裂。

成形： 适合加工成圆润的轮廓，而不是分明的棱角。非常适合制作榫卯接合件。

拼接： 易于胶合，适合使用钉子和螺钉连接。

表面处理： 涂饰性良好，表面光泽度高。

变化

红榆树瘤是非常珍贵的木旋和木皮用材。径切面通常会有斑驳的射线斑纹。

可持续性

荷兰榆树病对红榆来说是一个比砍伐更巨大的威胁，而且没有必要去寻找经过认证的木材资源。但世界其他地区的某些榆树有濒临灭绝的风险。最好购买当地的榆木。

可获得性

受病害影响，红榆木产量越来越少，但不是特别昂贵。

主要用途

 室内用材
制作家具和地板

 日常用材
制作棺材

 装饰用材
用于木旋

　　如果说前面介绍的那些树种木材代表了我们经常使用的木材品种，那么这部分要介绍的则是一些少见的木材，有的虽很有名但已很难找到，有的则是因为难以加工而不受欢迎，还有一些则是与前面介绍的常见树种具有亲缘关系。总之，量材适用，这些木材在木工领域都能获得一席之地。

刺楸第204页

欧洲七叶树第205页

红饱食桑第206页

巴西苏木第207页

澳洲洋椿第208页

缎绿木第209页

郁金香黄檀第210页

人面子第211页

昆士兰土楠第212页

良木非洲楝第213页

棒头桉第214页

红卡雅楝第215页

大理石豆木第216页

斯图崖豆木第217页

西黄松第218页

杨木第219页

安达曼紫檀第220页

白柳木第221页

桃花心木第222页

猴子果木第223页

白梧桐第224页

非洲杜花楝第225页

刺楸*Acanthopanax ricinifolius*
刺楸Castor aralia

优点
- 直纹
- 具有趣的花纹
- 经济实惠

缺点
- 强度比白蜡木低
- 纹理结构粗

用于制作胶合板的类似白蜡木的阔叶材

刺楸在材色、质地和纹理上与白蜡木非常相似，但缺乏美洲白蜡木或欧洲白蜡木的抗冲击性能，经过蒸汽处理制作弯曲家具部件的性能也不如白蜡木。同时，刺楸与红榆也有几分相似，质地粗糙，纹理通直，表面处理后可以获得较好的光泽。木材稳定性一般，干燥过程中有明显的干缩，干燥后仍会形变。由于强度比白蜡木差，而且不是特别耐用，因而常被用于室内装修和胶合板制造。

重要特征

树种类型： 温带阔叶材。

其他名称： 裂叶刺楸、日本白蜡木。

分布： 中国、日本、韩国、斯里兰卡。

材色： 乳黄色，心材和边材几乎没有差别。

结构： 粗，早晚材纹理不均匀。

纹理： 直纹。

硬度： 中等。

密度： 中等，36 lb/ft^3（576 kg/m^3）。

可持续性和可获得性

通常用于制作胶合板和室内装修。刺楸的价格在阔叶材中属于中等。没有证据表明它处于濒危状态，也没有经认证的木材资源。

主要用途 **细木工材**
用于胶合板、细木工制作以及室内和商店装修

 奢侈品与休闲用材
制作运动器材

欧洲七叶树 *Aesculus hippocastanum*

马栗木 Horse chestnut

优点
- 结构细而均匀
- 独特的乳白色

缺点
- 有交错纹理
- 强度低
- 产量有限

来自英国乡村的经典木材

观察欧洲七叶树的树皮，你会发现树干是螺旋生长的。这一特点在锯材中表现为，木材纹理常呈波浪状、交错或螺旋状，由此会产生一些有趣的花纹，但刨削木材时很难避免撕裂。欧洲七叶树木材的颜色很特别，呈浅乳白色，容易加工，在家具生产中有些应用，但不多，常用于制作日用器具和包装箱，也用来制作木皮，特别是有特殊花纹的部分。欧洲七叶树木材不易干燥，耐久性差，但易染色，胶合性好，握钉效果不错。这种树在英国乡村普遍种植，在很多地方甚至占据主导地位。

重要特征

类型：温带阔叶材。

相关树种：黄花七叶树（*A. flava*）。

分布：欧洲。

材色：白色至乳白色，日久会变黄。

结构：细而均匀。

纹理：多为螺旋纹、波浪纹或交错纹。

硬度：中等，强度不高。

密度：中等，31 lb/ft^3（496 kg/m^3）。

可持续性和可获得性

欧洲七叶树木材本是一种可以广泛使用的优质木材，却因为纹理不规则而让人失望。虽然树木存量很大，尤其是在英国，但其木材却并不容易买到。美国的黄花七叶树也是如此。欧洲七叶树的生存没有受到威胁，但也没有经过认证的木材资源。

主要用途　 **日常用材**　制作日用器具和包装箱　 **装饰用材**　用于雕刻、木旋和制作木皮

红饱食桑*Brosimum paraense*

血红木Bloodwood

优点
- 颜色艳丽
- 质地均匀细腻

缺点
- 规格有限
- 边材占比高

拥有艳丽色彩的桑科木材

红饱食桑，俗称血红木，隶属桑科，树木高大挺拔。很少有木材的颜色如此艳丽且均匀，红饱食桑质地细腻均匀，其材色日久会退化。红饱食桑宽板木材不易见到，加工非常容易，抛光后可以获得很好的光泽。

重要特征

类型：热带阔叶材。

其他名称：宝石桑、血木。

分布：南美洲。

材色：深红色，边材黄白色。

结构：中等偏细。

纹理：纹理直，偶有交错纹理。

硬度：大。

密度：非常大，60 lb/ft^3（960 kg/m^3）。

可持续性和可获得性

没有广泛供应，较难获得，需要在专业的进口木材供应商或线上供应商处寻找，且价格昂贵。红饱食桑通常用来制作木皮，又因其边材占比大，所以板材宽度可能受限。该树种未被列为濒危物种。

主要用途 **室内用材**
制作家具

 奢侈品与休闲用材
制作钓鱼竿

 装饰用材
制作木皮、镶嵌件和木旋制品

巴西苏木 *Caesalpinia echinata*

♠ 巴西红木 Brazilwood

优点
· 颜色和花纹迷人
· 纹理直

缺点
· 易钝化刀具
· 干燥速度慢

颜色鲜艳柔和的阔叶材

　　这是一种美丽的木材，在全世界有多种叫法。新切材呈橙色，但这种颜色不能持久，会随着时间的推移而变暗。巴西苏木经过表面处理可以获得极为光亮的表面，但加工有些困难，主要是因为它易钝化刀具。木材硬度很高，不易钉钉子，但胶合性很好。

重要特征

类型： 热带阔叶材。

其他名称： 棘云实红木、帕拉木、猬毛云实、长毛军刀豆木（ *Machaerium villosum* ）、豹苏木（ *Libidibia sclerocarpa* ）。

相关树种： 浸斑苏木（ *Partridgewood* ）、巴拉圭苏木（ *C. granadillo* ）。

分布： 巴西。

材色： 红棕色，带有深色线条，边材色浅，心材和边材颜色差异显著。木材新切面为浓郁的橙色，但随着时间的推移颜色会变暗。常有木节。

结构： 中等偏细，均匀。

纹理： 通常直，偶有交错纹理。

硬度： 大。

密度： 非常大，80 lb/ft^3（ 1280 kg/m^3 ）。

可持续性和可获得性

　　巴西苏木因过度采伐已被IUCN列为濒危树种，也被列入CITES附录 II 中。虽然市场上仍有巴西苏木供应，但尚未发现经过认证的木材资源，所以购买时应检查其可持续性认证。

主要用途

 奢侈品与休闲用材
制作提琴的琴弓、枪托

 装饰用材
制作木旋工艺品

 室内用材
制作地板和家具

澳洲洋椿Cedrela toona

洋椿Australian red cedar

优点

- 桃花心木的替代品
- 良好的光泽

缺点

- 树胶会钝化刀具

类似桃花心木的木材

　　澳洲洋椿与真正的大叶桃花心木极其相似，但纹理更加连贯，并具有令人惊叹的光泽。树木高大挺拔，木材新切面呈浅红色，日久颜色会变暗。木材质地均匀，密度中等，除了刀具刃口易被树胶钝化外，很容易加工；木材经过干燥处理后很稳定。

重要特征

类型：热带阔叶材。
类似树种：大叶桃花心木。
分布：印度、东南亚、澳大利亚。
材色：淡粉色至浅棕色。
结构：中等偏粗，但均匀。
纹理：直纹，偶有交错纹理。
硬度：中等。
密度：中等偏大，42 lb/ft^3（672 kg/m^3）。

可持续性和可获得性

　　尚未找到经过认证的木材资源，但澳洲洋椿不属于濒危树种；环保主义者警告要避免使用采伐自原始森林的木材。澳洲洋椿价格中等，但在北美地区可能使用不广泛。

主要用途

 室内用材
制作家具

 海洋用材
造船

 细木工材
用于高品质室内
装修

装饰用材
用于雕刻

缎绿木 *Chloroxylon swietenia*

🌳 锡兰缎木 Ceylon satinwood

优点
- 花纹和颜色诱人
- 光泽度高，质地光滑
- 稳定

缺点
- 易钝化刀刃
- 强度不高

加工困难的金黄色阔叶材

当光线照射在未经涂饰的缎绿木表面时，可以看到闪闪发光的小斑点（类似于中国的金丝楠木），这是木材具有耐磨特性的体现。缎绿木具有漂亮的波浪形纹理，涂饰后具有很好的光泽度，但其难以加工，主要是因为木材易钝化刀具。缎绿木的耐久性不是特别好，适合制作镶板。

重要特征

类型： 热带阔叶材。
其他名称： 东印度缎木、花缎木、黄缎木。
分布： 印度、斯里兰卡。
材色： 浅黄色或稻草色，带有较深的棕色线条或条带。
结构： 中等偏细，大体均匀。
纹理： 常具波浪纹理。
硬度： 大。
密度： 非常大，61 lb/ft^3（976 kg/m^3）。

可持续性和可获得性

因为世界上有许多被称为缎木的木材，所以很难判断缎绿木的供应量有多大，但它不是最为名贵的阔叶材。有报告称，缎绿木存在过度采伐问题，且已被IUCN列为易危树种，所以有必要寻找经过认证的替代用材。

主要用途

 室内用材
制作家具

 细木工材
用于室内装修

 装饰用材
用于木旋、镶嵌制品和木皮的制作

郁金香黄檀 *Dalbergia decipularis*

郁金香木 Brazilian tulipwood

优点
- 材色和花纹惊人
- 光泽度高

缺点
- 规格有限
- 价格昂贵

引人注目的粉红色红木

郁金香黄檀虽不像大多黄檀属木材的颜色那样深，但仍是一种漂亮的木材。尽管有郁金香之名，但不应与北美鹅掌楸混淆。郁金香黄檀的主要问题是木材规格有限，还可能不够稳定。木材易于加工，但易劈裂或撕裂，即便木皮也会如此。表面处理效果好。

重要特征

类型： 热带阔叶材。

其他名称： 玫瑰木、卢氏黑黄檀。

分布： 巴西。

材色： 淡黄色或稻草色，带有粉红色、红色和棕色条纹。遗憾的是，颜色日久会变淡。

结构： 中等偏细，相当均匀。

纹理： 略带波浪纹理。

硬度： 大。

密度： 大，60 lb/ft^3（960 kg/m^3）。

可持续性和可获得性

被列入CITES附录 II 中，所以要确保购买认证产品。价格可能很贵，而且绒毛黄檀通常只有木皮供应。

主要用途 **室内用材**
制作家具

 装饰用材
制作木旋制品
和镶板用木皮

人面子 *Dracontomelon dao*

龙头树 Paldao

优点
- 颜色诱人
- 纹理明显
- 可以是直纹的

缺点
- 有交错纹理
- 质地中等偏粗

带有核桃木气质的亚洲阔叶材

人面子木材颜色变化较大，从棕色到灰色再到黑色不等，还有不连贯的色带和条纹，这也是被称为"核桃木"的木材普遍的特点。虽然它不是真正的核桃木，但与大多数谎称"核桃木"的木材相比，其材色和花纹与核桃木更为相似。由于木材纹理结构较粗，且有交错纹理，致使刨削和表面处理有些棘手。

重要特征

类型： 热带阔叶材。

其他名称： 新几内亚核桃木。

分布： 东南亚。

材色： 从浅棕色和米黄色到灰色、深棕色和黑色都有。

结构： 中等偏粗。

纹理： 纹理多变，直纹或波浪纹，有时交错。

硬度： 中等偏大，比真正的核桃木强度更高，硬度更大。

密度： 中等偏大，46 lb/ft^3（736 kg/m^3）。

可持续性和可获得性

人面子木材并不少见，价格中等偏上；既未被列为易危树种，也没有过度开发。

主要用途

 室内用材
制作家具和地板

 装饰用材
制作木皮

 细木工材
用于室内和商店内部装修以及细木工

昆士兰土楠 *Endiandra palmerstonii*
昆士兰胡桃木 Queensland walnut

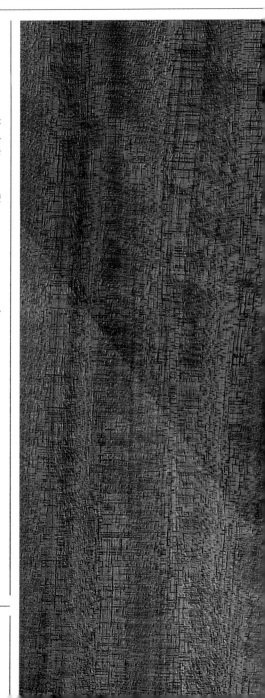

优点
- 材色深棕色
- 条纹显著

缺点
- 纹理不规则
- 干燥时形变大
- 易磨损刀具

档次不高的核桃木替代材

　　昆士兰土楠俗称昆士兰胡桃木，虽然不是真正的胡桃木，但有独特的条纹，闪烁着迷人的光芒，与深棕色条纹相间的是较浅的银色条纹。这种木材磨蚀性强，非常容易钝化刀具；交错纹理使其难以加工；不易干燥。优点是，昆士兰土楠经表面处理后呈现浓郁的棕色，使其在家具制造和室内装修领域颇受欢迎。

重要特征

树种类型： 热带阔叶材。
其他名称： 澳洲核桃木。
分布： 澳大利亚。
材色： 棕色，带深色条带和灰色、粉色或绿色条纹。
结构： 中等粗细。
纹理： 交错纹理。
硬度： 大。
密度： 中等偏大，42 lb/ft^3（672 kg/m^3）。

可持续性和可获得性

　　昆士兰土楠在澳大利亚以外的地区很罕见，其生存没有受到威胁。

主要用途　　**室内用材**
制作家具和地板　　　**细木工材**
室内装修

良木非洲楝*Entandrophragma utile*

🌲 假沙比利Utile

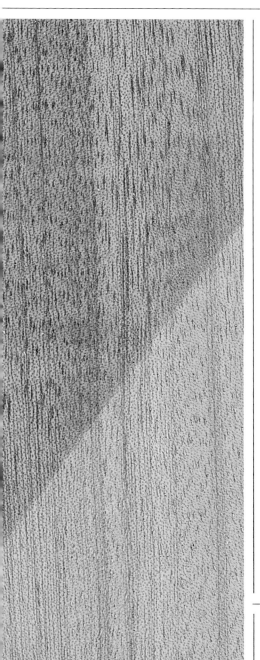

优点

- 桃花心木的替代材
- 硬度大，性能稳定

缺点

- 有交错纹理
- 色带无法隐藏

桃花心木的完美替代材

  良木非洲楝与红卡雅楝有许多相似的特征，后者常被用作桃花心木的替代品。木材整体棕色，浅棕色和红棕色条带交替，且宽窄长短不一；因常具交错纹理，致使加工困难。纹理结构中等偏粗，相比红卡雅楝更为均匀。

重要特征

树种类型： 热带阔叶材。

分布： 非洲。

材色： 具浅棕色到红棕色深浅不等的条带，日久材色会变深且更趋一致。

结构： 中等偏粗，但相对均匀。

纹理： 直纹，且多交错纹。

硬度： 大。

密度： 中等偏大，41 lb/ft^3（656 kg/m^3）。

可持续性和可获得性

  良木非洲楝不像红卡雅楝那样使用广泛。在非洲因过度采伐，它已被列为易危树种。几乎没有经过认证的木材资源。

主要用途 **室内用材**
制作家具

 装饰用材
用于室内或商店
内部装修

棒头桉*Eucalyptus gomphocephala*

钉头桉Tuart

优点
- 漂亮的颜色和花形
- 强度高，硬度大

缺点
- 有交错纹理

来自澳大利亚的色浅而坚硬的阔叶材

棒头桉曾经因适于制作马车车轮和螺旋桨叶片而颇受重视，然而随着澳大利亚西部为了发展牧业致使森林消退，棒头桉木材的利用价值也随之大大降低。该木材硬度非常大，没有显著的花纹，但其材色很受欢迎；通常纹理直，偶有交错；不易开裂，因此非常适合制作承重构件。

重要特征

树种类型：温带阔叶材。

分布：澳大利亚西部。

材色：浅棕色至棕色，带有一些浅红色和深红色的条纹。

结构：中等粗细，均匀。

纹理：通常直，有时交错。

硬度：非常大。

密度：非常大，64 lb/ft^3（1024 kg/m^3）。

可持续性和可获得性

尽管不是特别昂贵，但在澳大利亚的供应非常有限，更不用说其他地区。几乎没有经过认证的木材资源。

主要用途

 室内用材
制作家具

 技术用材
制作马车车轮

 装饰用材
制作木旋制品

红卡雅楝 *Khaya ivorensis*

非洲桃花心木African mahogany

优点
- 真正的桃花心木颜色
- 稳定
- 经济实惠

缺点
- 很难加工
- 纹理和质地多变

很像桃花心木的木材

  红卡雅楝俗称非洲桃花心木，是桃花心木中最差的之一，木材表面宽窄不均的浅色和红棕色相间的条纹是其主要特征。红卡雅楝木材没有漂亮的花纹，纹理结构中等偏粗，不太均匀，并且有交错纹理。干燥后稳定；机械加工或手工处理时很容易撕裂。强度不是特别大，耐久性也一般，只是因为可以作为桃花心木的替代材而受到青睐。通常染色后用于制作仿古家具。

重要特征

类型： 热带阔叶材。

其他名称： 卡雅楝。

相关树种： 白卡雅楝（*K. anthotheca*）、大叶卡雅楝（*K. grandifolia*）、非洲卡雅楝（*K. nyasica*）、塞内加尔卡雅楝（*K. senegalensis*）。

分布： 非洲。

材色： 红棕色，从浅色到中等色调不等。

结构： 较粗，非常不均匀。

纹理： 直纹，有交错。

硬度： 中等。

密度： 中等，35 lb/ft^3（560 kg/m^3）。

可持续性和可获得性

  红卡雅楝供应量不大，且已被IUCN列为易危树种，使用时应对此有所考量。红卡雅楝木材价格不贵。

主要用途   **室内用材**
制作家具

       海洋用材
造船

 细木工材
用于室内或商店
内部装修

大理石豆木*Marmaroxylon racemosum*

大理石木Marblewood

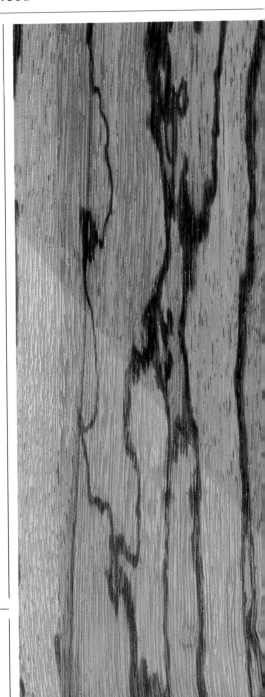

优点
- 花纹独特
- 光泽度好

缺点
- 难于加工
- 质地粗糙

粗糙且有显著条纹的阔叶材

　　大理石豆木，有时也被称为蛇纹木，拥有斑马木的花纹、夏栎的材色和粗糙的纹理结构。它甚至有一些类似栎木的射线斑纹，但并没有壮丽的火焰纹。在加工大理石豆木的工房，可以看到小心灰尘的警示牌（不管加工何种木材，这都是需要注意的）。交错纹理和粗糙的纹理结构致使木材不易加工，但抛光后可以获得很高的光泽度；打磨是其最合适的表面加工方式。

重要特征

类型：热带阔叶材。

其他名称：理石豆、云纹檀。

分布：南美洲。

材色：金棕色，夹杂深棕色、黑色或紫色的细条纹。

结构：粗，但很均匀。

纹理：直纹，有交错。

硬度：大。

密度：大，53 lb/ft^3（848 kg/m^3）。

可持续性和可获得性

　　大理石豆木比较罕见，不太容易获得，但价格并不十分昂贵。可能存在经过认证的木材资源，因为该树种鲜为人知，尚未被开发。

主要用途　　**室内用材**
制作家具

装饰用材
制作木旋制品

细木工材
用于室内装修和制作镶板

斯图崖豆木*Millettia stuhlmannii*

黄鸡翅木Panga panga

优点
- 可替代非洲崖豆木
- 具明显的条状花纹

缺点
- 有树胶囊
- 易撕裂

材色较浅的鸡翅木

　　斯图崖豆木与非洲崖豆木外观上非常相似，但斯图崖豆木更知名（在中国归为红木中的鸡翅木类）。该木材的材色和花纹颇具特色，整体棕色，带有金黄色、深棕色或黑色细条纹，无论径切板面还是弦切板面都具有令人惊叹的花纹。有资料介绍，木材干燥后很稳定，是拼花地板的理想材料。

重要特征

树种类型： 热带阔叶材。

分布： 东非。

材色： 棕色，带金黄色、深棕色或黑色细条纹。

结构： 粗且不均匀。

纹理： 板面上鲜明对比的明暗色带，给斯图崖豆带来独特的外观，同时也导致木材密度差异大，给加工带来困难，且树胶囊的存在易钝化刀具。纹理通常是直的，有交错。

硬度： 大。

密度： 大，58 lb/ft^3（928 kg/m^3）。

可持续性和可获得性

　　没有非洲崖豆木使用广泛，而且价格偏贵。未被列为受威胁树种，由于有其他崖豆藤属树种被列为濒危或易危物种，因此购买时要确保知道树种的具体名称。

主要用途　　**室内用材**
制作家具和地板

装饰用材
制作木旋制品

建筑用材
用于一般建筑

细木工材
制作普通细木工制品

西黄松*Pinus ponderosa*
美国黄松Ponderosa pine

优点
- 质地细腻均匀，边材稳定

缺点
- 心材含有树脂
- 多木节

一款主要使用边材的针叶材

西黄松具有两重特性。边材呈淡黄色，触感柔滑，早晚材界限不明显，质地接近。心材的差异性很大，密度更大，常具有深色树脂线，还常有节子。西黄松的边材很稳定，特别适合制模和雕刻，还可以制作木皮。经过防腐处理的木材可以在户外使用。加工木材时的主要问题是心材多树脂，容易钝化刀具。

重要特征

类型： 温带针叶材。

其他名称： 节松、鸟眼松、加州白松、落基山黄松。

相关树种： 杰弗里松（*P. jeffreyi*）。

分布： 美国西部和加拿大。

材色： 边材浅黄色，心材深黄色，带有红棕色树脂线。

结构： 细而均匀，特别是边材，质软易加工。

纹理： 直，但木节周围纹理不规则。

硬度： 在软木中中等偏软。

密度： 中等，32 lb/ft^3（512 kg/m^3）。

可持续性和可获得性

使用广泛，未被列为濒危树种。

主要用途   **装饰用材**
用于制模、雕刻和制作木皮

 建筑用材
用于一般建筑工程

 细木工材
用于室内装修

杨木*Populus* spp.

杨木Poplar

优点
- 价格低
- 速生材
- 质轻
- 不易开裂

缺点
- 光泽度低
- 质软且表面易起毛
- 缺陷多
- 性脆

适合制作板条箱、木盒的普通阔叶材

杨木有多种，有时被称为白杨。不要与北美鹅掌楸混淆，它有时被称为黄杨。各种杨木均适用于各类功能性木材产品，例如，制作木框架、柱子、盒子、板条箱、胶合板和火柴，以及用于室内装修，但不适合制作家具。木材密度小，相对容易加工，钉钉子不会开裂，是一种非常实用的木材。

重要特征

树种类型：温带阔叶材。

其他名称：欧洲黑杨、欧洲山杨。

相关树种：美洲黑杨（*P. deltoides*）、美洲山杨（*P. tremuloides*）、香脂杨（*P. balsamifera*）、黑杨（*P. nigra*）、加拿大杨（*P. canadensis*）、健杨（*P. robusta*）、欧洲山杨（*P. tremula*）。

替代树种：北美鹅掌楸。

分布：北美和欧洲。

材色：乳黄色，带有不规则的浅棕色条带，或与纹理呈直角的银色斑纹。

结构：中等粗细，均匀，纤维性强。

纹理：通常直纹，有时具交错纹或波浪纹。

硬度：小。

密度：小，28 lb/ft^3（448 kg/m^3）。

可持续性和可获得性

任何杨木均可放心购买。杨木容易获得且价格便宜。虽然种植广泛，但仍有生长在热带和东欧地区的特殊杨树树种生存受到威胁。

主要用途

 细木工材
用于室内装修和胶合板制作

 建筑用材
用于一般建筑工程

 户外用材
制作柱杆

 日常用材
制作盒子和板条箱

安达曼紫檀 *Pterocarpus dalbergioides*

安达曼花梨木 Andaman padauk

优点
- 材色和纹理漂亮
- 耐久性强

缺点
- 有交错纹理
- 干燥困难

易与印度紫檀混淆的木材

安达曼紫檀呈粉红色或蜂蜜色，外观和质地与印度紫檀相似。安达曼紫檀木材不易干燥，砍伐后通常对圆木端头箍扎，以减少表面开裂的风险。木材强度大，耐久性好，但不易弯曲，易钝化刀具。交错纹理会导致加工困难。在印度，它常用于建筑和海洋工程。

重要特征

类型： 热带阔叶材。

其他名称： 安达曼红木、花梨木。

相关树种： 印度紫檀。

分布： 安达曼群岛（在印度洋）。

材色： 变化大，从粉红色至砖红色，转暗至红棕色，带红色或紫色条纹。较浅的蜜色或粉红色的板材不太常见，非常珍贵。

结构： 中等偏粗，相对均匀。

纹理： 多交错纹理，具有条状和斑状花纹。

硬度： 大。

密度： 中等偏大，48 lb/ft^3（768 kg/m^3）。

可持续性和可获得性

安达曼紫檀有时在专业木材供应商那里被当作印度紫檀出售，而印度紫檀现在非常短缺，在一些东南亚国家已经灭绝。目前尚没有证据表明安达曼紫檀的生存受到威胁，但也没有经过认证的安达曼紫檀木材资源。该木材因为产量非常有限，所以价格昂贵。

主要用途

 海洋用材
造船

 室内用材
制作家具、地板和工作台面

 装饰用材
制作木旋制品和木皮

白柳木 *Salix alba*

白柳木 White willow

优点
- 价格不高
- 质轻，易于加工
- 用途广泛

缺点
- 强度低
- 耐久性差
- 材色单调

制作体育器材的实用木材

白柳木除了制作板球棒之外，在商业上并没有被广泛使用。实际上，白柳木非常适于制作批量的木制品、胶合板和装饰木皮。白柳木纹理不明显，易于加工，但与其他纤维性强的树种木材类似，白柳木板面容易起毛，因此需要使用锋利的刀具加工。白柳木耐久性、强度、弯曲性都很差。

重要特征

树种类型：温带阔叶材。

其他名称：柳木。

相关树种：黑柳（*S. nigra*）、爆竹柳（*S. fragilis*）、白柳变种（*S. alba* var. *caerulea*）。

分布：欧洲、中东和北非。

材色：浅黄色至棕色或浅棕色；常有银光斑纹或较暗的条纹。

结构：细而均匀。

纹理：纹理通直。

硬度：中等偏小。

密度：小，21~28 lb/ft^3（336~448 kg/m^3）。

可持续性和可获得性

由于白柳木不是一种具有重要商业价值的木材，因此使用并不广泛，但它的价格相对便宜。

主要用途

 日常用材
制作餐具和板条箱

 装饰用材
制作木皮

 细木工材
制作胶合板

 奢侈品与休闲用材
制作板球棒

桃花心木*Swietenia mahagoni*
古巴桃花心木Cuban mahogany

优点
- 质地均匀光滑
- 易于加工
- 材色和花纹漂亮
- 材质稳定均一

缺点
- 几近灭绝

因过度开发濒临灭绝的树种木材

这种木材常被称为古巴桃花心木或西班牙桃花心木，这里将其作为因过度开发而濒临灭绝的典型案例介绍。桃花心木以其质地均匀、花纹和材色漂亮、板材稳定而备受喜爱。在过去的5个世纪里，其树木被肆意砍伐，如今已很难找到，即使人工种植也很困难。如果因各种原因，不得不使用经过认证的古巴桃花心木，只有使用回收材这一途径了。

重要特征

类型：热带阔叶材。
其他名称：西班牙桃花心木。
来源：只能通过回收旧家具获得。
材色：红棕色，日久会变暗。
结构：中等粗细，均匀。
纹理：通直。
硬度：中等。
密度：中等，34 lb/ft^3（544 kg/m^3）。

可持续性和可获得性

现在唯一的获得途径就是回收旧料。桃花心木已被列入CITES附录 II 中。

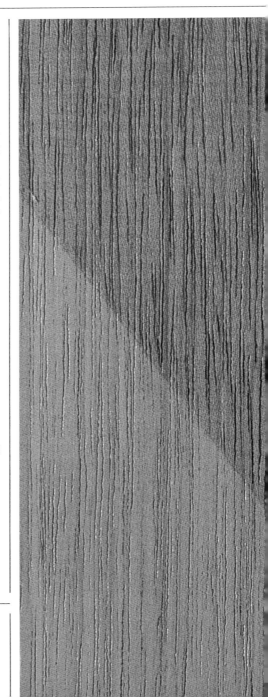

主要用途 **室内用材**
制作高档家具

 装饰用材
制作装饰木皮

猴子果木 *Tieghemella heckelii*

♠ 马扣热 Makoré

优点
- 材色和花纹漂亮
- 质地细腻均匀
- 板材稳定

缺点
- 较脆
- 濒危

高品质的桃花心木替代材

　　猴子果木与缅茄（*Afzelia cuanzensis*）非常相似，且像缅茄一样被用作桃花心木的替代材，现在也用作樱桃木的替代材。猴子果木比缅茄更细腻，花纹更精美，且更易获得高光泽的表面。然而，猴子果木比桃花心木更难加工，因为它较脆且易钝化刀具。此外，还要避免猴子果木与钢制刀具或配件接触，因为存在蓝变的风险。木材强度不是很大，干燥后稳定，耐久性非常好，但易遭受虫害。

重要特征

类型：热带阔叶材。

其他名称：非洲樱桃木。

相关树种：非洲猴子果木（*T. africana*）。

分布：西非。

材色：深红棕色。

结构：细而均匀。

纹理：通常直，有时纹理不规则。

硬度：中等。

密度：中等，39 lb/ft^3（624 kg/m^3）。

可持续性和可获得性

　　易于采购，价格中等。可惜的是已被列为濒危状态，无法找到经过认证的木材资源，如有认证资源，可以考虑购买。

主要用途　**室内用材**
制作家具和地板

装饰用材
制作装饰木皮

细木工材
用于高档室内装修

白梧桐 *Triplochiton scleroxylon*

欧斐切木 Obeche

优点
- 质地均匀
- 板材稳定
- 密度小

缺点
- 缺少特色
- 强度低

不太引人注目的阔叶材

　　白梧桐木通常用于制作强度要求不高、防护要求较低的部件，如家具内部的轻质部件、框架、组装式箱子和橱柜。白梧桐木质地均匀，纹理直，非常容易加工，且板材稳定，可以快速干燥，非常适合制作不需要高光泽的轻薄物件，如木模。适合染色处理。

重要特征

类型：热带阔叶材。

其他名称：非洲白木、非洲轻木、软缎木、非洲枫木。

分布：西非。

材色：淡蜂蜜色或浅棕色，有时几乎呈黄色。

结构：中等粗细，均匀。

纹理：通常直，有交错纹。

硬度：中等。

密度：小，24 lb/ft^3（384 kg/m^3）。

可持续性和可获得性

　　容易获得，且价格低。该树种的生存没有受到威胁。

主要用途　 **室内用材**
批量生产家具

 细木工材
制作胶合板

 日常用材
用于包装

非洲杜花楝 *Turreanthus africanus*

金影木 Avodire

优点
- 材色华丽
- 光泽度高

缺点
- 濒危
- 有交错纹理

具有亮丽金色光泽的非洲阔叶材

　　非洲杜花楝俗称非洲缎木，材色呈浓郁的金黄色，带略弯曲的纹理。纹理常交错，给加工带来不便。木材表面光泽极好，纹理结构中等，较均匀。径切板侧面因具斑纹而更具装饰性。非洲杜花楝虽然并不像预期的那样密度大、硬度大和强度高，但它非常适合高品质细木工和商店内部装修，也用于家具制造。木皮可用于镶嵌细工，但染色不均匀。

重要特征

树种类型： 热带阔叶材。

其他名称： 非洲缎木。

分布： 西非，特别是加纳、喀麦隆、尼日利亚、刚果和科特迪瓦。

材色： 金黄色至黄色。

结构： 中等粗细，非常均匀。

纹理： 波浪纹或直纹，有时交错。

硬度： 中等。

密度： 中等，34 lb/ft^3（544 kg/m^3）。

可持续性和可获得性

　　没有广泛的供应。曾被IUCN列为易危树种，但目前没有在任何保护名录上。

主要用途　**细木工材**
用于商店和办公室内部装修、制作胶合板

 装饰用材
制作镶嵌细工用木皮

　　虽然木匠都渴望使用易于刨平和切割整齐的直纹木材，但也常常遇到纹理复杂的板材，因而面临诸多挑战。当然，纹理复杂的板材往往具有极具装饰性的花纹和颜色，这些外观靓丽的木材现在主要用来制作木皮。这一章包含了那些因病害、天然缺陷、不正常纹理或特殊加工方法而产生美丽视觉效果的木材品种。一些木匠和雕刻师也特别喜欢使用树瘤、具特殊花纹和病变的木材。而对大多数家具制造商来说，他们都愿意选择美观且稳定性好的径切板材。

　　需要注意的是，本章把商品名称放在了最上方，而将商品的来源树种放在了下方，以方便读者查阅。

病变木材第228页

特殊花纹木材第230页

树瘤木材第238页

径切板材第242页

病变木材

　　众所周知，树木在森林中伐倒后要及时从林地转运至工厂，然后尽快加工成板材并进行干燥。通常木匠都喜欢使用直纹、无缺陷、切口整齐的木材，因为它们强度高，质地均匀，易于加工。然而，并非所有的木材都能满足这些要求。自然生长的木材常含有各种缺陷，但对于富有创造精神的木匠，这类缺陷材往往能激发他们的灵感，使其创作出具有美妙外观效果的作品。

　　在这部分内容中，你会看到，某些因天然色变、病变或真菌侵害的木材反而具有了更高的价值。这里列举了几个例子，用以说明木材变质的原因和所导致的结果。通常变质的木材只能用来制作木皮，但其中一些，像渍纹木，却颇受木旋工匠的喜爱，且价格低廉，因为渍纹木在其他木匠的眼中是腐朽的木材，根本不能用。

阴沉橡木（Bog Oak）
夏栎*Quercus robur*

　　阴沉橡木，是指埋在地下数千年，偶然在沼泽中被发现的木材。通常木材硬度非常大，材色黑色或深棕色。

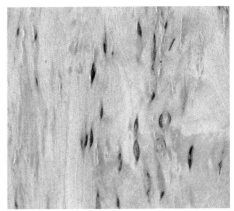

克若利安桦木（Karelian Birch）
桦木属*Betula species*

　　克若利安桦木上的斑点与马苏尔桦木上的斑点十分相似，通常认为是由昆虫侵害或者其他机械损伤引起的。

榄色白蜡木（Olive Ash）
白蜡木属*Fraxinus species*

　　白蜡木原木越近树心材色越深，髓心颜色最深，呈深棕色，向外则变为浅色的条带。这种颜色变化有时十分显著，其外观效果可能极受欢迎，也可能令人沮丧。

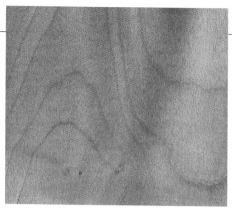

变色枫木（Weathered Sycamore）
欧亚槭*Acer pseudoplatanus*

　　新切的欧亚槭呈纯白色，快速干燥能够很好地保持这种颜色。倘若缓慢干燥，则可以获得粉棕色的木材。

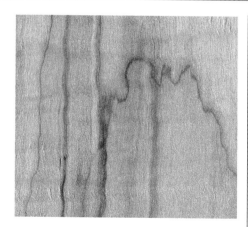

渍纹木（Spalted Maple）
糖槭*Acer saccharum*或红花槭*A. rubrum*

　　有些树种容易患上导致木材内裂的病害，导致木材上出现卷曲的波浪状深色线条。

棕色欧洲橡木（Brown English Oak）
夏栎*Quercus robur*和无梗花栎*Q. petraea*

　　这种木材与阴沉橡木十分相似，材色较阴沉橡木更浅，棕色更为浓郁。这种效果是真菌侵染导致的，这有点类似榄色白蜡木，真菌的感染通常从髓心开始。

特殊花纹木材

花纹这个词在木材领域有两层含义。从广义上讲，指的是木材板面上十分有趣的、超出预期的各种纹理图案；在特定情况下，这个词是指那些通常与木材纹理方向成直角的闪亮条带或条纹。这些条带或条纹可能会与射线斑相混淆，但实际上，它们相比射线斑纹更不易让人察觉。

虽然花纹是最常用的术语，但在针对特定的外观效果时，也可以用其他术语进行描述。例如，"琴背纹"有点像鲭鱼的鳞片，呈明显而有规律的条带；"卷曲纹"则更为开放，纹理也不那么明显；斑纹则多为斑点状，随机出现；射线斑纹是指径切板的表面呈现出的由射线形成的丝带状显著斑纹。这些图案效果在不同的木材板面上显著程度不同，人们通常会用"轻微"或"显著"这样的词语进行描述，这取决于花纹的显著程度。

影纹显著的安利格Heavy-Figured Aningeria
华丽阿林山榄*Aningeria superba*

影纹显著的华丽阿林山榄，与影纹不够明显的右图相比，虽然材色和纹理明显类似，但其花纹非常明显。

影纹不显著的安利格
华丽阿林山榄*Aningeria superba*

这是影纹不显著的华丽阿林山榄木，只有当光线照射到木材表面时，才能观察到细微的花纹，但这也为单调的木材增添了视觉效果。

琴背纹沙比利Fiddleback Sapele
筒状非洲楝*Entandrophragma cylindricum*

　　带有琴背纹的筒状非洲楝，从不同角度观察，都可以看到显著的花纹，同时外观效果却不尽相同。注意花纹中的短线。

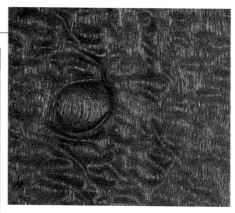

树瘤纹沙比利Blistered Sapele
筒状非洲楝*Entandrophragma cylindricum*

　　带有树瘤花纹的筒状非洲楝。树瘤是在树木生长过程中产生的，花纹可以产生于树干和树枝中，花纹的效果有时很相似。

琴背纹麦哥利Fiddleback Makor
猴子果木*Tieghemella heckelii*

　　琴背纹猴子果木，琴背纹通常在径切板的表面更为明显，且条纹更为细窄和集中。

球纹麦哥利Pommele Makor
猴子果木*Tieghemella heckelii*

　　球纹猴子果木具有天鹅绒般的视觉效果，而颜色更深的球纹有时被称为帷幕纹。

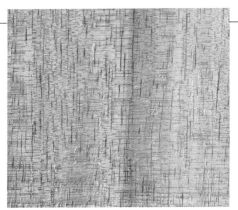

影纹欧洲橡木Figured English Oak
夏栎*Quercus robur*和无梗花栎*Q. petraea*

　　橡木通常没有特殊的花纹。这是橡木弦切板面的纹理，年轮的边缘有时会呈锯齿状，形成特殊的视觉效果。

影纹寇阿Figured Koa
夏威夷相思木*Acacia koa*

　　相思木径切板面上呈现出与纹理方向垂直的闪亮细线条纹。因其花纹效果精妙有趣，所以是制作面板或桌面的理想材料。

影纹浅色尤加利Figured White Eucalyptus
桉属树种*Eucalyptus species*

　　带有射线斑纹的浅色桉树木皮，并不是某种特定的桉树独有，只呈现于径切板的表面。

影纹红色尤加利Figured Red Eucalyptus
桉属树种*Eucalyptus species*

　　与赤桉板面的花纹相似，与浅色桉木的花纹相同，不同寻常的是其中平行于纹理方向的线条。

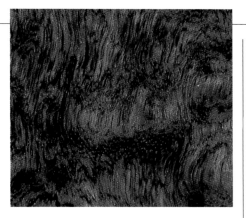

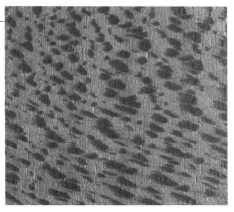

球纹花梨Pommele Bubinge
德米古夷苏木*Guibourtia demeusii*

　　这是从德米古夷苏木原木外部旋转切割所得的木皮表面所呈现的花纹，其中的波浪纹和交错纹使花纹整体充满狂野之气。

尼斯木Lacewood
二球悬铃木*Platanus acerifolia*

　　射线斑在木材径切面呈现出密集的斑纹，这种花纹在各种悬铃木中十分常见，最常见于二球悬铃木（英国梧桐）。

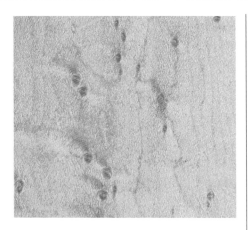

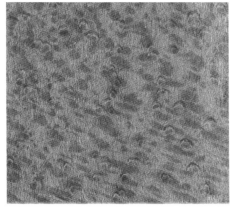

影纹不显著的鸟眼枫木Light Bird's-Eye Maple
糖槭*Acer saccharum* **或红花槭***A. rubrum*

　　鸟眼枫木板面上鸟眼的密集程度因树而异，常能在许多板材上发现鸟眼花纹。每个鸟眼周围的纹理常具有很强的光泽。

影纹显著的鸟眼枫木Heavy Bird's-Eye Maple
糖槭*Acer saccharum* **或红花槭***A. rubrum*

　　这是十分典型的鸟眼花纹图案，其花纹看起来像一个个紧凑的小眼睛。目前认为这种花纹是昆虫侵害形成的。

影纹桃花心木Figured American Mahogany
大叶桃花心木*Swietenia macrophylla*

这种花纹是交错纹理产生的，可以预见刨削时会很困难。在桃花心木中，这种花纹常常不连贯且分布较为集中。

影纹桦木Figured Birch
黄桦*Betula alleghaniensis*

大多数树种木材都具有特定的花纹图案，但某些树种木材，例如桦木，其花纹往往模糊不显。这反而给这类平淡的木材带来出人意料的视觉效果。

影纹樱桃Figured Cherry
黑樱桃*Prunus serotina*

在过去20年里，黑樱桃木已经成为最受欢迎的木材之一，尽管这与其花纹关系不大。

影纹白橡木Figured White Oak
美国白栎*Quercus alba*

上图为美国白栎的四开切木皮，锯切方向与年轮呈较小的角度，其花纹类似于径切板的纹理，但没有射线斑纹。

影纹黑核桃Figured Black Walnut
黑核桃*Juglans nigra*

　　图中黑核桃木木皮的花纹与普通黑核桃木相比，颜色更为多变，视觉效果更强，看起来很像核桃木。

影纹欧亚槭Figured Planetree Maple
欧亚槭*Acer pseudoplatanus*

　　最著名的花纹效果示例之一，其花纹富于变化，极具视觉冲击力。这种花纹的典型特征是紧密排列的不规则条纹，逐渐过渡形成细小的斑点。

斑纹麦哥利Mottled Makor
猴子果木*Tieghemella heckelii*

　　蜿蜒在木皮表面的溪流状花纹，呈现出闪亮的视觉效果，并随着观察视角的不同而发生变化。这种花纹也暗示着交错纹理的存在，但通常影响不会太大。

影纹欧洲水青冈Figured European Beech
欧洲水青冈*Fagus sylvatica*

　　与桦木类似，欧洲水青冈的花纹同样不显著，且少见，但它为这种著名的英国木材增色不少。

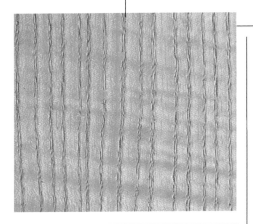

影纹白栓Figured European Ash
欧洲白蜡木*Fraxinus excelsior*

　　影纹白栓与欧亚槭的花纹十分相似，但其横向条纹的宽度以不同的方式变化，其表面也不像欧亚槭那样单一匀净。

斑纹沙比利Mottled Sapele
筒状非洲楝*Entandrophragma cylindricum*

　　筒状非洲楝可以产生多种不同效果的花纹。图中呈现的是明暗对比效果显著的斑纹全息照片。这种花纹在木材中比较常见。

影纹白眉籽Figured White Peroba
赛黄钟花木*Paratecoma peroba*

　　这是一种能够呈现令人惊叹的特殊花纹的木材，箭头状的花纹与射线斑纹相结合，在垂直于木材纹理的方向形成显著的图案。它仅呈现于径切板的板面。

树杈非洲桃花心木Crotch African Ahogany
红卡雅楝*Khaya ivorensis*

　　树杈是指树干与树枝之间的连接处。这里的纹理方向随机，板面上可能同时存在长纹理和端面纹理。

影纹帕拉芸香Figuredpau Amarello
良木芸香*Euxylophora paraensis*

    板面上的纹理几乎不可见，这是良木芸香的常见花纹样式，其花纹极其细微，几乎不会被注意到。

卷纹枫木Curly Maple
糖槭*Acer saccharum* **或红花槭***A. rubrum*

    槭属的木材通常都有花纹，而卷纹枫木在家具制造行业十分受欢迎，其视觉效果柔和且流畅。

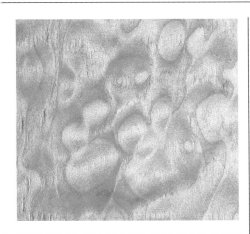

絮纹枫木Quilted Maple
糖槭*Acer saccharum* **或红花槭***A. rubrum*

    絮纹枫木具有不同寻常的絮状花纹，花纹犹如巨大的鸟眼，给人一种水银在板材表面流淌的视觉感受。

冰桦Ice Birch
桦木属树种*Betula* spp.

    "冰纹"是能够提升桦木价值的众多花纹之一。冰纹是指桦木的弦切板板面上呈现的大型花纹图案，比较少见。

树瘤木材

树瘤是在树木生长过程中形成的，是由树枝脱落或者树皮损伤导致的。树瘤木材的纹理通常杂乱而紧密，有时可以在树瘤内发现空腔，树瘤的密度往往变化很大。树瘤木材很有价值，非常受木旋工匠欢迎，也常被切成木皮用于装饰。甚至有报道称，偷猎者常用链锯从活树上截取树瘤。

树瘤木皮可能很难使用，因为它们极易扭曲和翘曲，通常需要润湿后才能整平，而且粘贴到位后仍可能开裂。此外，还要常常面对裂口和孔洞问题。许多木匠喜欢用树瘤木皮，将其粘贴或镶嵌于板面中心，以形成颜色对比强烈的特殊效果。树瘤木皮是制作装饰木盒的绝佳材料。板面的瘤疤看起来像细小的木节，能够形成类似于鸟眼枫木的效果。

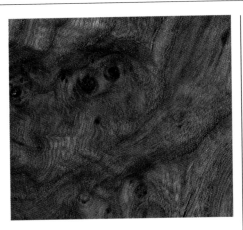

斯洛伐克榆树树瘤Carpathian Elm burl
榆属树种*Ulmus* spp.

树瘤的材色和花纹千差万别，到底哪些树种可以产生树瘤也不清楚。上图为斯洛伐克榆树树瘤木皮，带鸟眼的鬼脸和不规则的波浪纹是其特点。

桃花心木根瘤Mahogany Root Burl
大叶桃花心木*Swietenia macrophylla*

桃花心木的树根也可以产生树瘤，虽然树瘤的纹理走向十分杂乱，但在树瘤纹理中算是相当规则的。

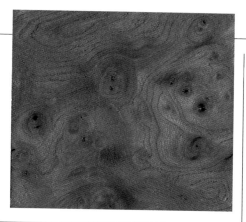

英国榆或荷兰榆树瘤Dutch elm Burl
英国榆*Ulmus procera* **或荷兰榆** *U. hollandica*

　　英国榆或荷兰榆的树瘤木材为浓郁的红色，瘤疤和纹理经常形成类似鬼脸和溪流的图案，图中的图案很像等高线地图。

核桃木树瘤English Walnut Burl
核桃木*Juglans regia*

　　核桃木树瘤木皮因卷曲变形严重，故而极难控制。图中的树瘤木皮花纹要比很多核桃木树瘤木皮花纹更为规则，犹如一系列紧挨在一起的牡蛎。

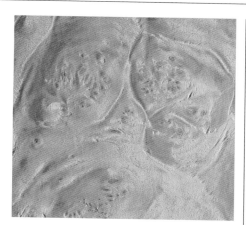

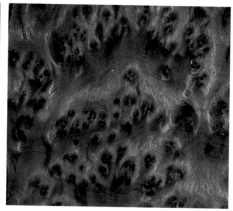

枫木团状树瘤Maple Cluster Burl
糖槭*Acer saccharum* **或红花槭** *A. rubrum*

　　可以把枫木团状树瘤看作鸟眼枫木和絮纹枫木的组合，虽然几乎看不到明显的纹理，但是每个"鸟眼簇"周围都环绕有明亮的射线状斑纹。

香漆柏树瘤Thuya Burl
香漆柏*Tetraclinis articulata*

　　这种树瘤的木材只能用来制作木皮，树瘤来自生长于北非的香漆柏的根部。这是为数不多的以只能制作木皮著称的树木之一。

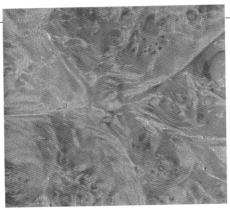

北美红杉树瘤Redwood Burl
北美红杉 *Sequoia sempervirens*

　　这是一种非同寻常的树瘤，有着与其他树瘤截然不同的装饰效果。树瘤中心的花纹很紧凑，向边缘（与树干相接的区域）延伸时则会变得细长。

枫木树瘤Maple Burl
糖槭 *Acer saccharum* 或红花槭 *A. rubrum*

　　要注意枫木树瘤与枫木团状树瘤之间的细微差别。前者是一种十分引人注目的树瘤，其花纹图案与榆树等树瘤的颗粒状花纹形成鲜明对比。

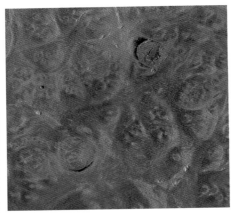

太平洋乔杜鹃树瘤Madrone Burl
太平洋乔杜鹃 *Arbutus menziesii*

　　太平洋乔杜鹃是一种产于北美的阔叶树，能够形成精细均匀的树瘤，这种树瘤的花纹小而连贯，是镶嵌细工的理想材料。

加州伞花桂树瘤Myrtle Burl
加州伞花桂 *Umbellularia californica*

　　这种棕色树瘤在材色和花纹方面与印度紫檀树瘤很相似，但加州伞花桂树瘤来源更广泛，价格更低。

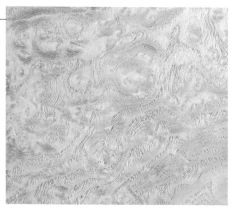

欧洲白蜡木树瘤Olive Ash Burl
欧洲白蜡木 *Fraxinus excelsior*

　　这种因病变产生的树瘤又称榄色白蜡木，其棕色线条与树瘤的扭曲纹理融合在一起，形成极不连贯的材色和图案，装饰效果惊人。

美洲白蜡木树瘤White Ash Burl
美洲白蜡木 *Fraxinus americana*

　　美洲白蜡木树瘤的纹理高度密集，同时白蜡木的特色花纹仍然可见，就好像溪流在瘤疤形成的山丘中流淌而过。注意随机出现的鬼脸图案。

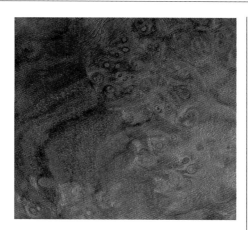

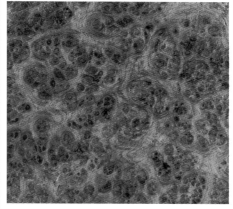

黑核桃木树瘤Black Walnut Burl
黑核桃 *Juglans nigra*

　　美国黑核桃木树瘤花纹的变化和装饰性远不及核桃木，前者材色更均匀，瘤疤更小，纹理呈波浪状。

印度紫檀树瘤Amboyna Burl
印度紫檀 *Pterocarpus indicus*

　　印度紫檀树瘤，俗称花梨瘿，是花纹最华丽的树瘤之一，与非洲（崖）柏树瘤相似，但材色更金黄，纹理更紧密，仿佛显微镜下来回移动的细菌图片。

径切板材

径切板材是尺寸稳定性最好的板材，其年轮走向与板材大面垂直，从而降低了板材瓦形形变的风险，将最大的形变限制在板材的厚度方向，并减少了板材宽度方向的形变。径切板适用于制作稳定性要求高的物品，如抽屉组件，以及不能通过框架保持平整的宽板。

通常情况下，径切板可以通过以下特征判定：板材的端面年轮线与板材大面垂直；板材大面的年轮线呈纵向（纹理方向）平行条纹。在某些情况下，径切板材表面会显得比较单调，如果该树种有比较显著的木射线，则可以形成引人注目的、闪亮的火焰图案（即径面射线斑纹）。

苏拉威西乌木 *Diospyros celebica*

这是一种世界著名的木材，其径切板和弦切板表面的花纹没有明显差别，但径切板表面的条纹往往更通直、更规则。

黑核桃木 *Juglans nigra*

黑核桃木美丽的直纹和细微的材色变化在径切板表面体现得更为充分，但黑核桃木的径切板并不常见。

欧洲水青冈 *Fagus sylvatica*

虽然欧洲水青冈的射线斑纹远不如橡木的火焰状射线斑纹那么明显，且其纹理几乎不可见，板材也不是很稳定，但其径切板很受木匠欢迎。

华丽阿林山榄 *Aningeria superba*

华丽阿林山榄的年轮宽窄不一，年轮间的材色有细微变化，时而变暗，时而被浅色而明亮的细线隔开。

艳丽榄仁 *Terminalia superba*

艳丽榄仁的径切板表面常常呈现特殊的花纹图案。这种木材的材色变化很大，颜色较深的板材常带有深棕色的条纹。

红榆 *Ulmus rubra*

红榆的弦切板面具有柔和的波浪纹图案，径切板表面则表现为直纹和不同程度的径面射线斑纹。

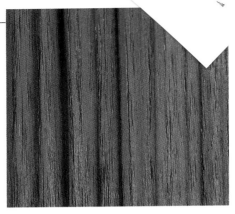

美国白栎 *Quercus alba*

　　虽然美国白栎的花纹没有夏栎那么引人注目，但是美国白栎的径切板上同样能呈现出火焰状的壮丽射线斑纹。本示例中的射线斑纹非常规则。

柚木 *Tectona grandis*

　　柚木是一种美丽且耐久性非常好的阔叶材，但其板材表面的花纹图案却不够引人注目，其径切板表面常常带有不规则间隔的黑色细线。

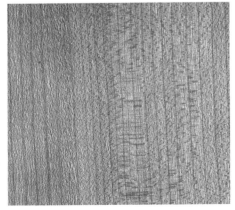

异叶铁杉 *Tsuga heterophylla*

　　异叶铁杉径切板的表面上密布柔和的波浪纹，细窄的红色晚材与浅色早材形成鲜明对比。偶尔夹杂深色条纹。

黑樱桃 *Prunus serotina*

　　黑樱桃的魅力之一是径切板表面的射线斑纹，但这种效果仅在以特定角度切割时出现在有限的区域。

德米古苏夷木 Guibourtia demeusei

注意比较球纹花梨和本示例中的正常径切面之间的差异。径切板表面的纹理无疑更为通直且连贯。

缎绿木 Chloroxylon swietenia

缎绿木的径切板表面常呈现出材色对比鲜明的缎带效果。示例中的花纹则有些不同寻常，它有着精细的金黄色线条。

筒状非洲楝 Entandrophragma cylindricum

筒状非洲楝以其众多的花纹效果而闻名，即使是在这个径切板示例中，也能看到贯穿于板面纹理的纵向银色条纹。

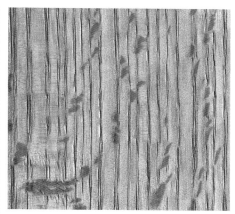

红栎 Quercus rubra

图中展示了栎木的宽射线在径切面形成的花纹图案；这种图案的显著性和视觉效果差异很大，具体情况取决于锯切的角度。四开切可以弱化火焰状射线斑纹的视觉效果。

致 谢

本书介绍了如此多的树种，寻找和准备木材样品无疑是一项挑战。首先要感谢菲尔·戴维（Phil Davy），正是他在伐木场拉网式的搜寻，你才能看到示例中的木材样品，以及它们经过表面处理后的外观。

木皮用于展示特殊的纹理效果和一些鲜为人知的树种。在这里，衷心感谢英国的艺术木皮（Art Veneers）公司和美国爱达荷州的木河木皮（Wood River Veneer）公司，他们提供了大部分木皮的示例照片。特别感谢约翰·博迪细木商店（John Boddy's Fine Wood Store）的弗兰克·博迪（Frank Boddy），他向我们提供了在其他地方找不到的样品。感谢所有公司的帮助。

感谢所有向我们提供帮助的组织、个人和企业，在此将它们全部列出一并致谢。

阿迪朗达克硬木（Adirondacks Hardwoods）
阿尔姆奎斯特木材公司（Almquist Lumber）
美国硬木出口委员会（American Hardwood Export Council）
安德鲁木材和胶合板公司（Andrews Timber and Plywood）
艺术木皮公司（Art Veneers）
阿特金斯和克里普斯有限公司（Atkins & Cripps Ltd）
首都鞋匠木皮公司（Capital Crispin Veneer）
卡斯卡迪亚森林产品公司（Cascadia Forest Goods）
康普顿木材和硬件公司（Compton Lumber & Hardware）
工艺用品公司（Craft Supplies）
生态木材公司（Ecotimber）
艾森布兰德进口硬木公司（Eisenbrand Exotic Hardwoods）
动植物（Fauna and Flora）
友好林产品公司（Friendly Forest Products）
吉尔默木业公司（Gilmer Wood Co.）
全球木材资源（Global Wood Source）
好木材公司（Good Timber）
北卡罗来纳州硬木商店（Good Timber）
英乔马德拉斯（Inchope Madeiras）
约翰·博迪细木商店

马克·科克（Mark Corke）
北美木制品（North American Wood Products）
北国森林产品（Northland Forest Products）
奥谢木材（O'Shea Lumber）
宝贵森林（Precious Woods）
洛克勒木工商店（Rockler Woodworking Store）
软木出口委员会（Softwood Export Council）
TBM硬木公司（TBM Hardwoods Inc.）
南澳大利亚木材发展协会（Timber Development Association of South Australia）
林线公司（Timberline）
木材研究与开发协会（The Timber Research and Development Association）
优美公司（U-Beaut Enterprises）
美国林产品实验室（U.S. Forest Products Laboratory）
惠特莫尔木材公司（Whitmore's Timber Co.）
伍德宾公司（WoodBin）
探木者（Wood Explorer）
寻木者（Woodfinder）
木河木皮公司（Wood River Veneer）
木材贸易公司（The Wood & Shop Inc.）
木材世界（Wood World）
杨德尔斯（Yandles）

感谢以下个人和公司为本书提供照片：
第7页照片，约翰·凯利/盖蒂图片社（John Kelly/GETTY IMAGES）；
第9页照片，罗布·梅尔尼丘克/盖蒂图片社（Rob Melnychuk/ GETTY IMAGES）；
第12页底部照片，北卡罗来纳木旋者/森林管理委员会/英国自然基金会（N C Turner/FSC/WWF-UK）；
第19页照片，生态木材。

其他插图和照片均由四季出版公司（Quarto Publishing plc.）所有。如有任何遗漏和错误，四季出版公司向您表达诚挚的歉意，并对您的提示表示感谢。